A) Classify and measure the angles.

1)

2)

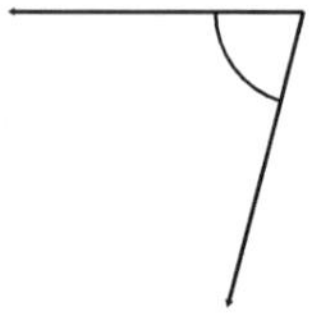

3)

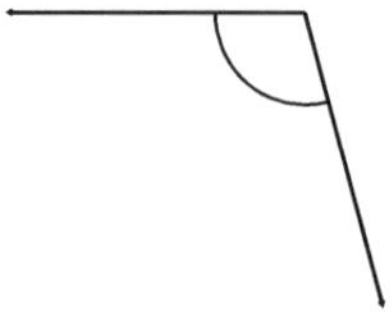

4)

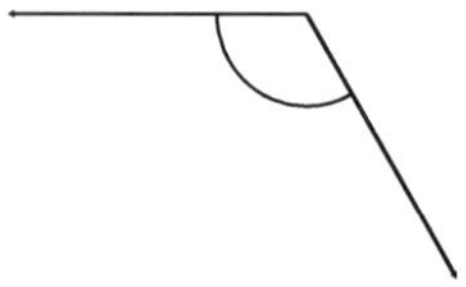

5)

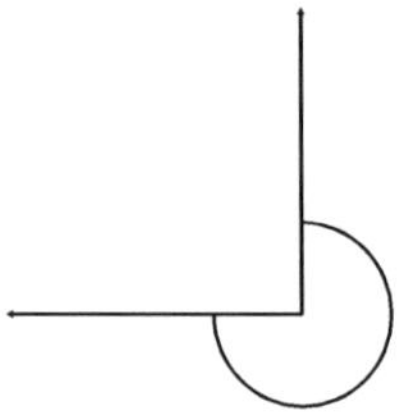

6)

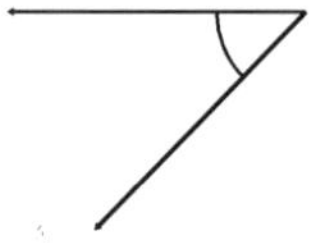

7)

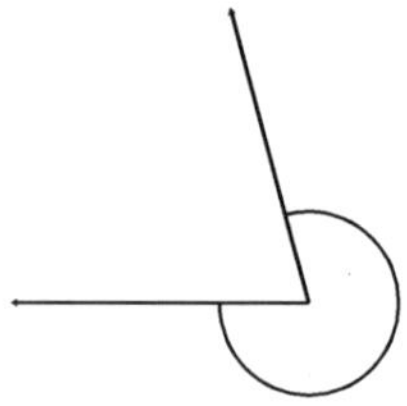

8)

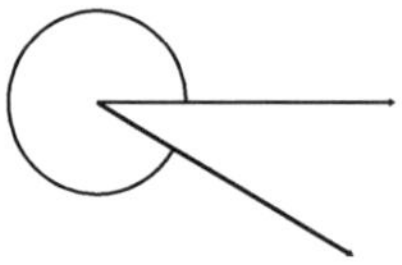

9)

10)

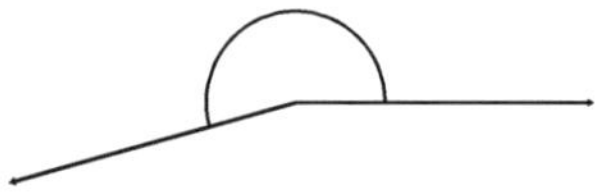

B) Classify and measure the angles.

1)

____

2)

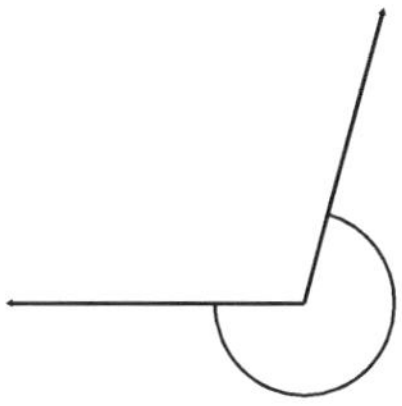

____

3)

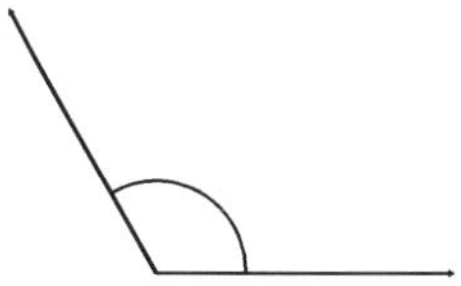

____

4)

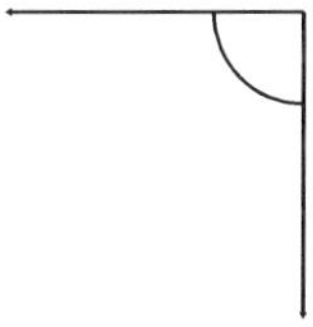

____

5)

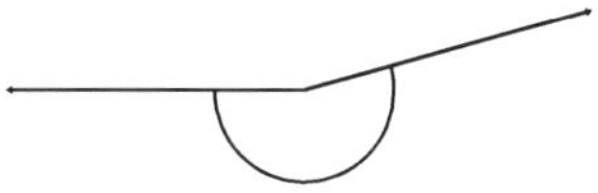

____

6)

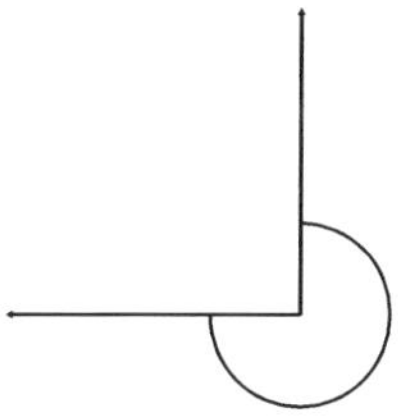

____

7)

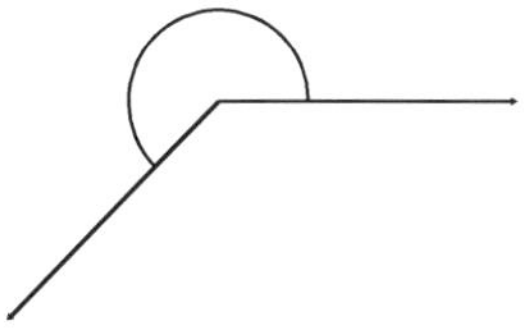

____

8)

____

9)

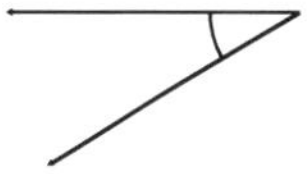

____

10)

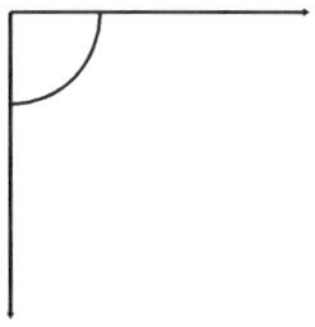

____

C) Classify and measure the angles.

1)

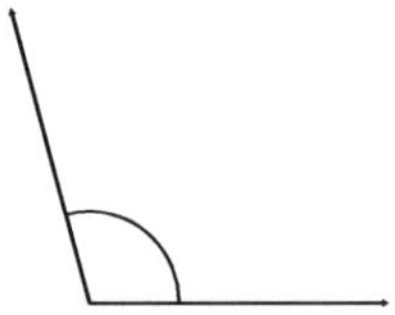

2)

3)

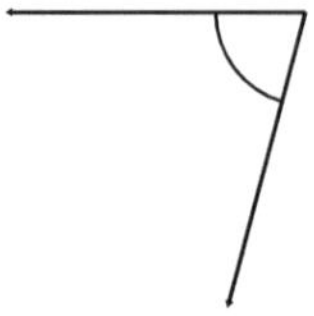

4)

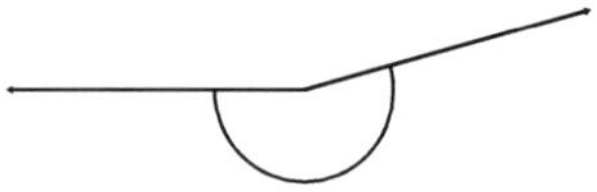

5)

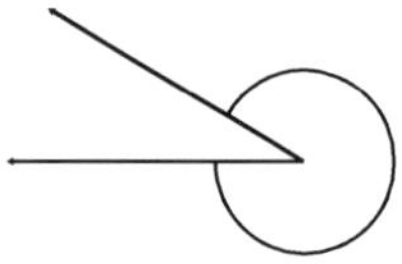

6)

7)

8)

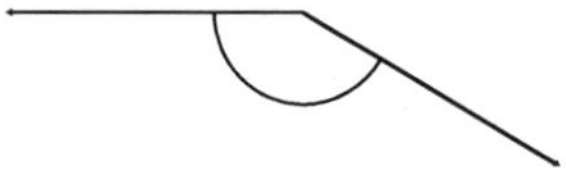

9)

10)

D) Classify and measure the angles.

1)

2)

3)

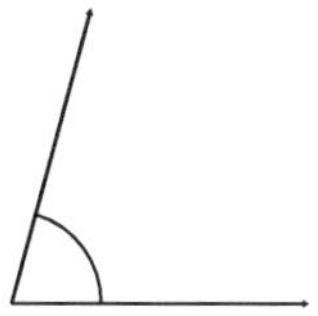

4)

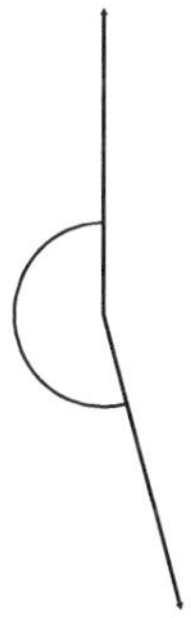

5)

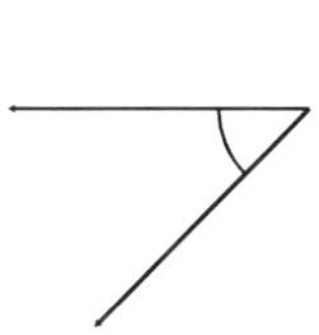

6)

7)

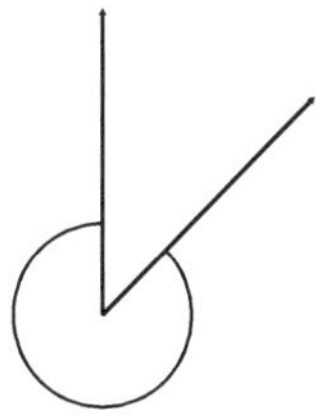

8)

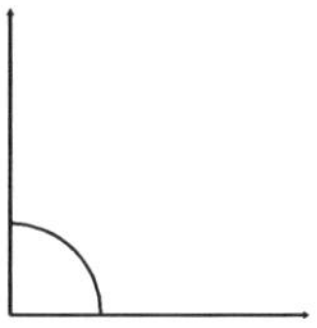

9)

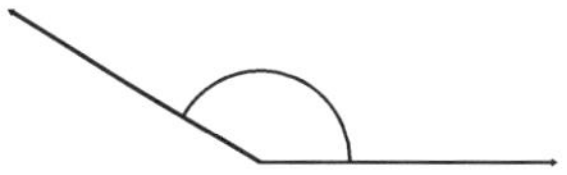

10)

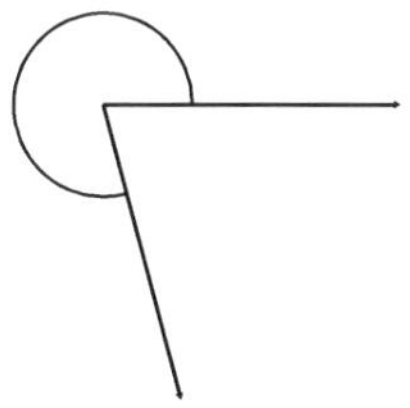

E) Classify and measure the angles.

1)

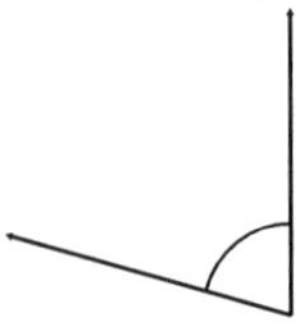

2)

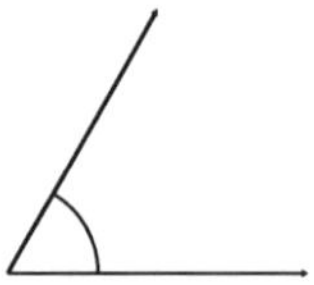

3)

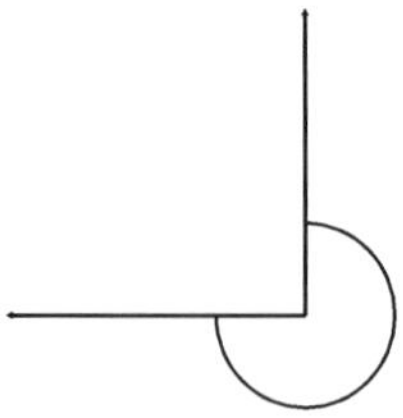

4)

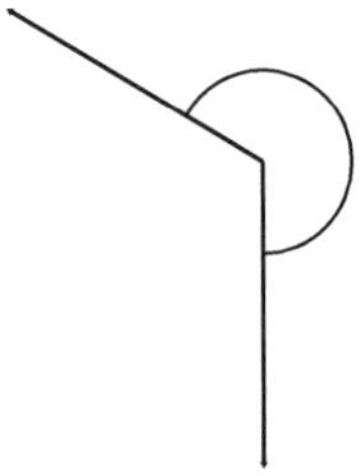

5)

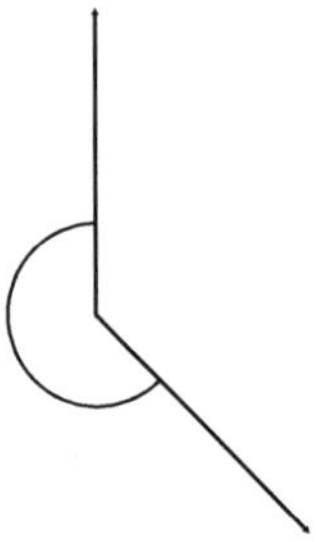

6)

7)

8)

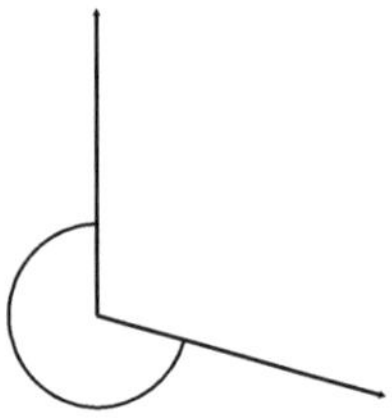

9)

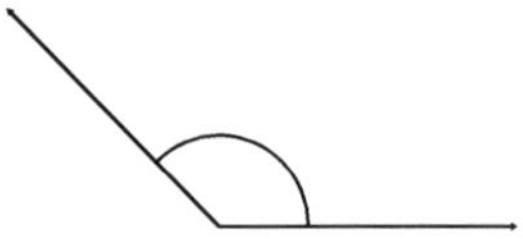

10)

F) Classify and measure the angles.

1)

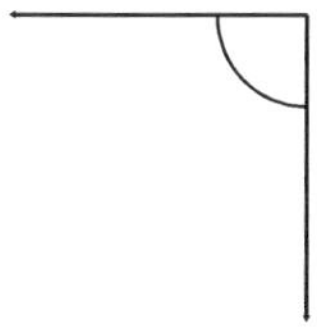

2)

3)

4)

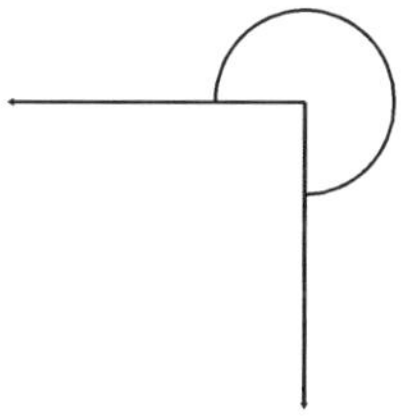

5)

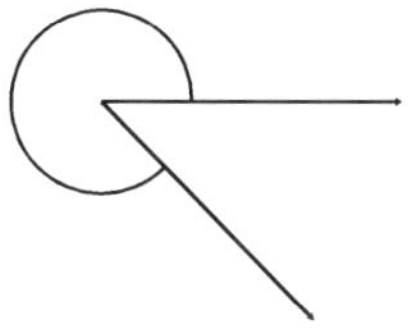

6)

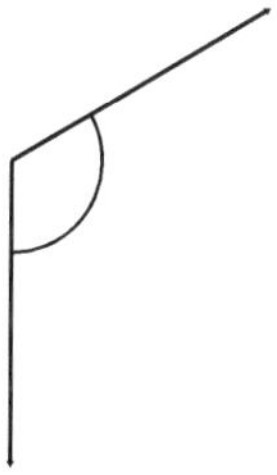

7)

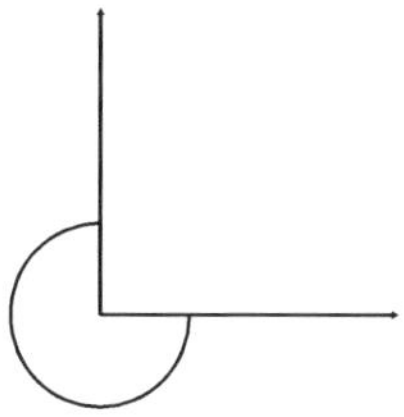

8)

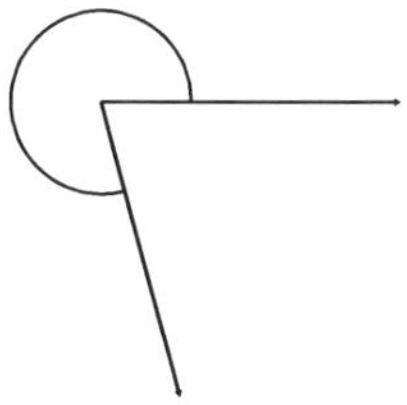

9)

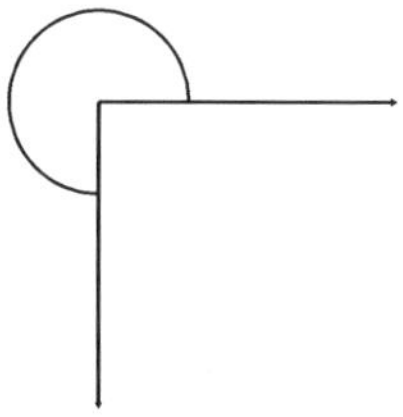

10)

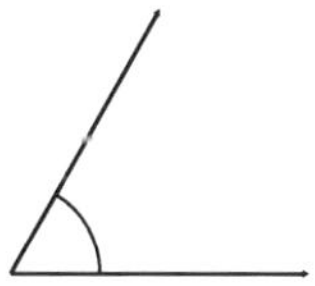

G) Classify and measure the angles.

1)

2)

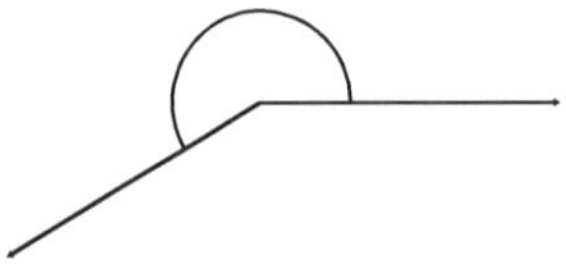

3)

4)

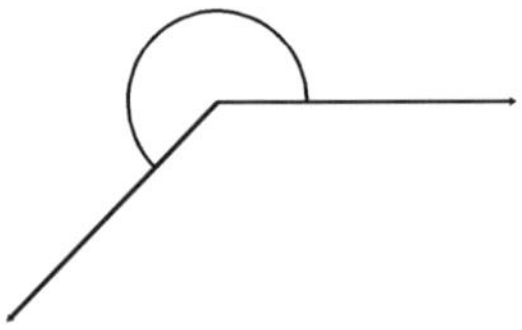

5)

6)

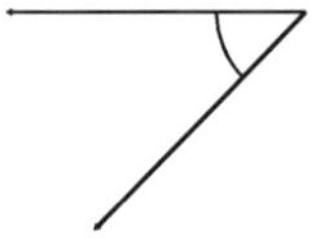

7)

8)

9)

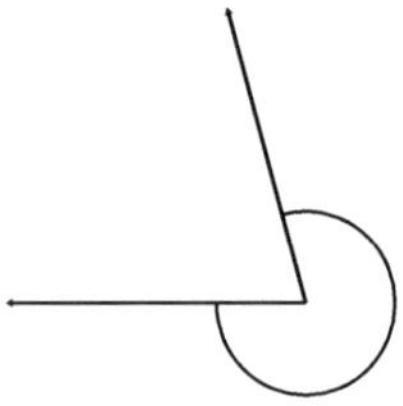

10)

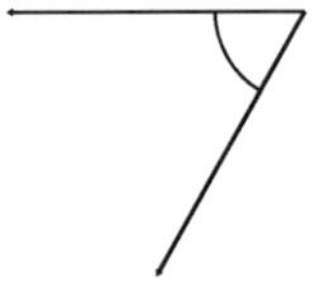

H) Classify and measure the angles.

1)

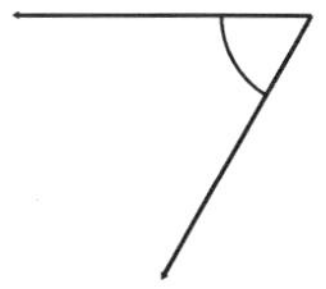

2)

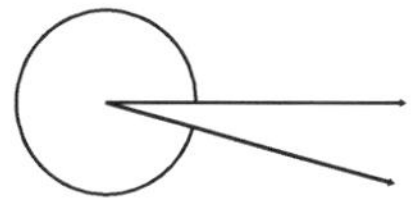

3)

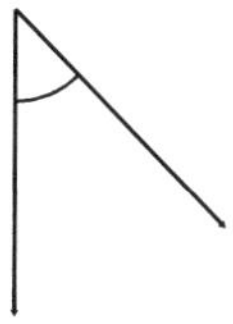

4)

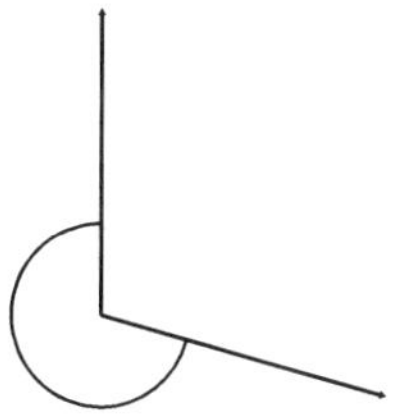

5)

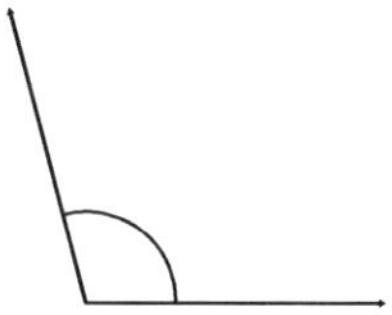

6)

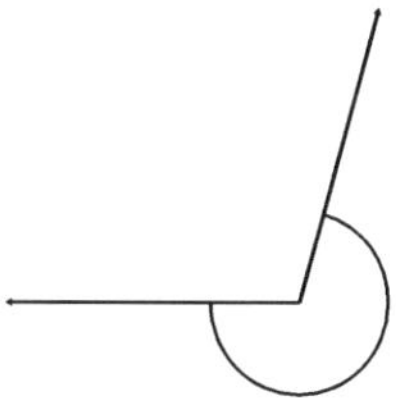

7)

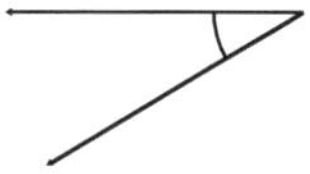

8)

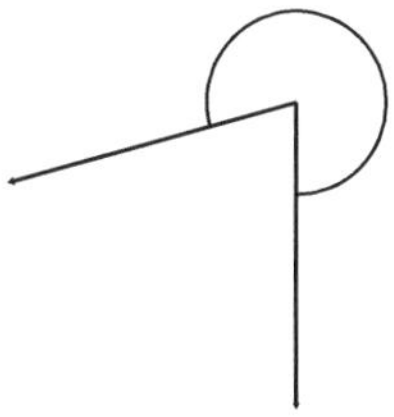

9)

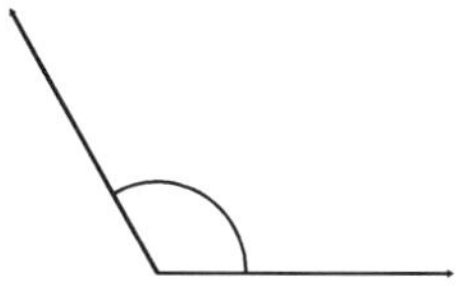

10)

I) Classify and measure the angles.

1)

2)

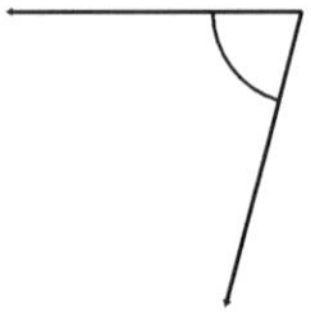

3)

4)

5)

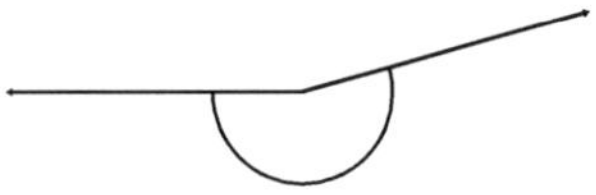

6)

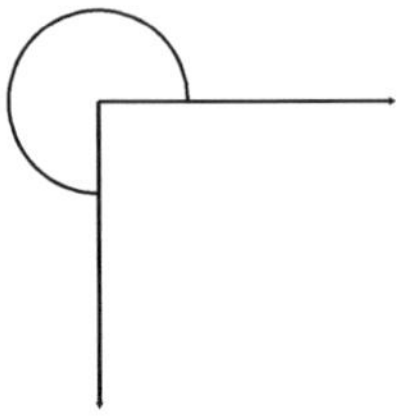

7)

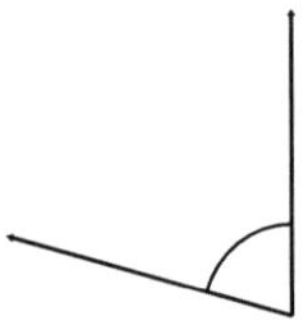

8)

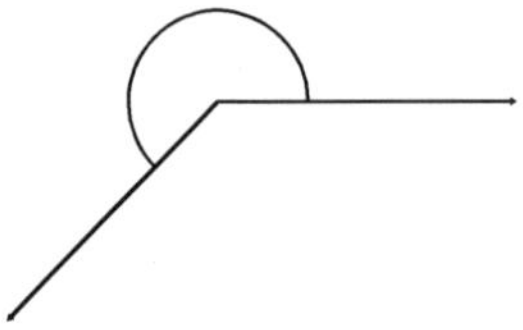

9)

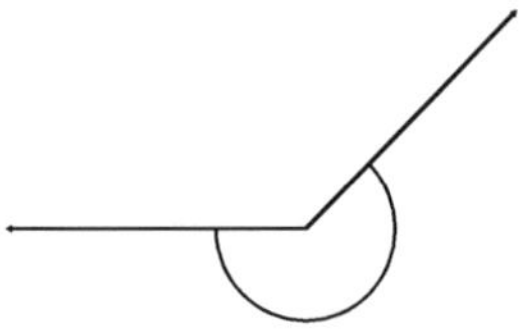

10)

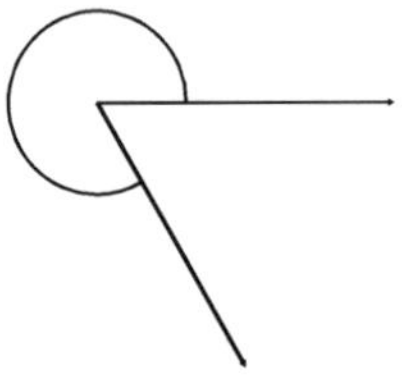

J) Classify and measure the angles.

1) 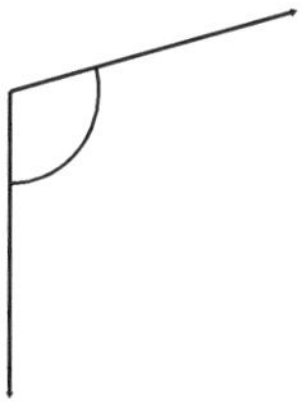

2) 

3) 

4) 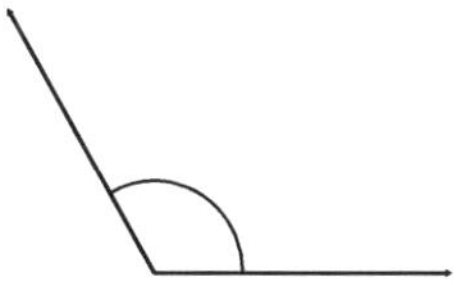

5) 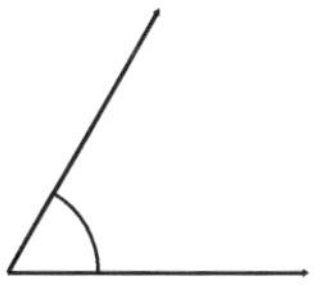

6) 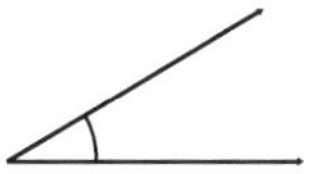

7) 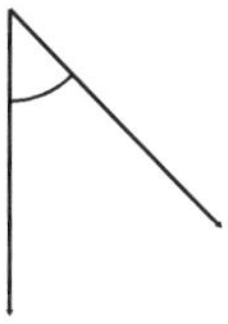

8) 

9) 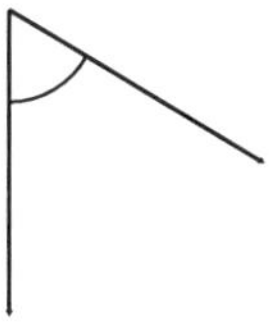

10) 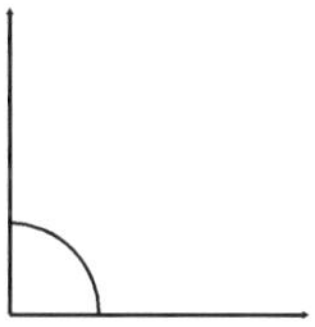

K) Classify and measure the angles.

1)

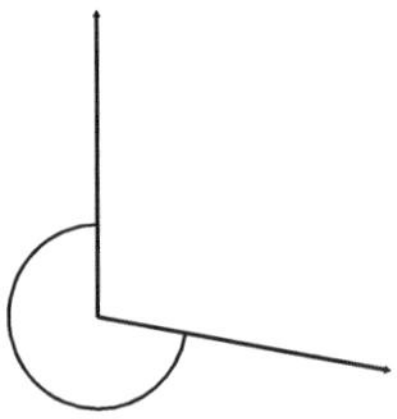

2)

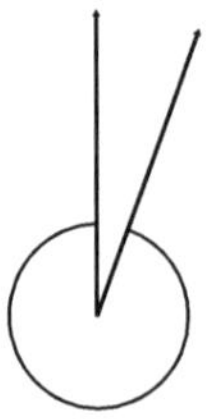

3)

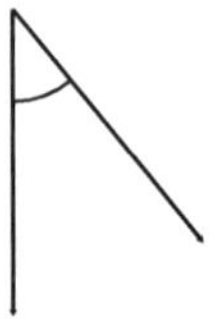

4)

5)

6)

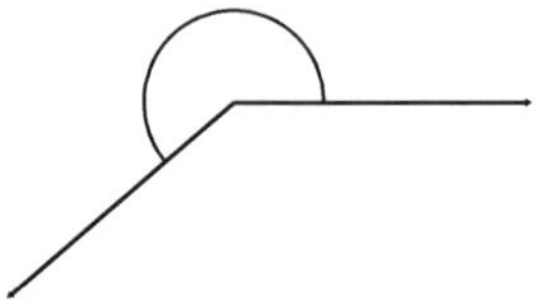

7)

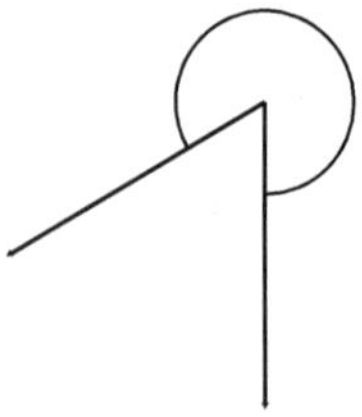

8)

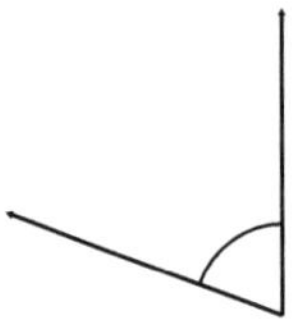

9)

10)

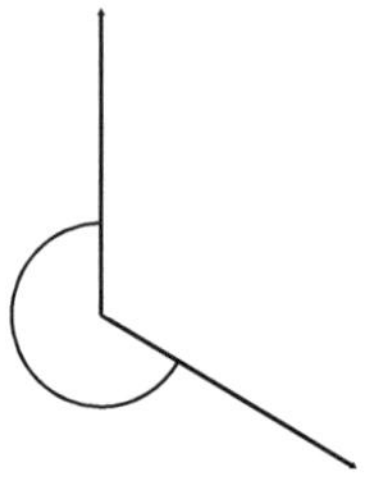

L) Classify and measure the angles.

1)

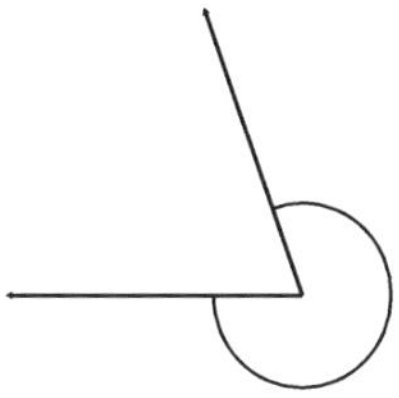

2)

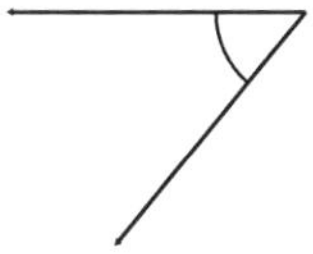

3)

4)

5)

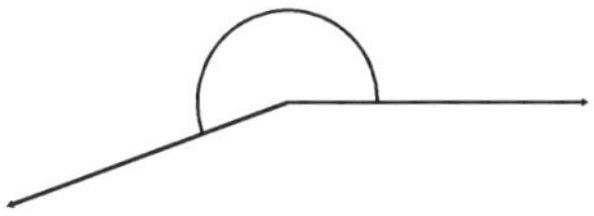

6)

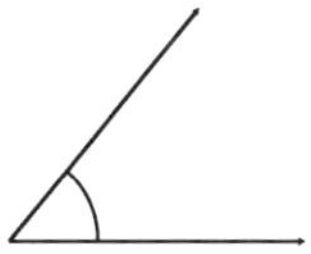

7)

8)

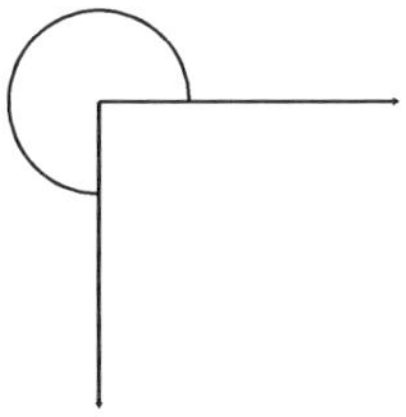

9)

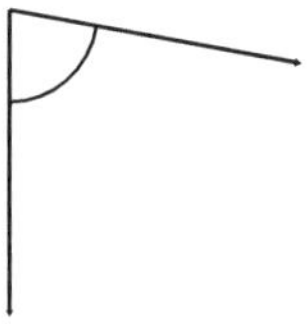

10)

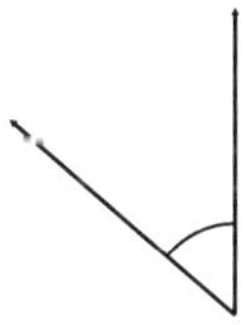

M) Classify and measure the angles.

1)

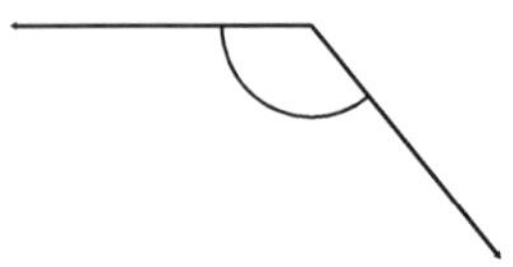

2)

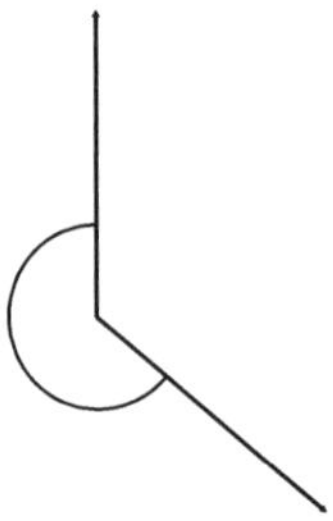

3)

4)

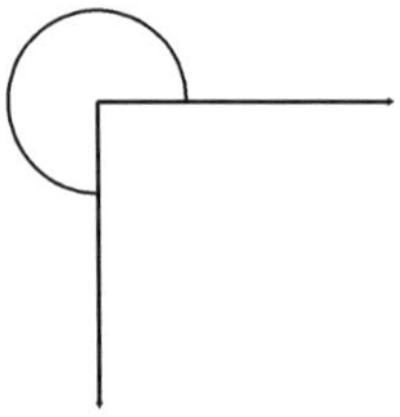

5)

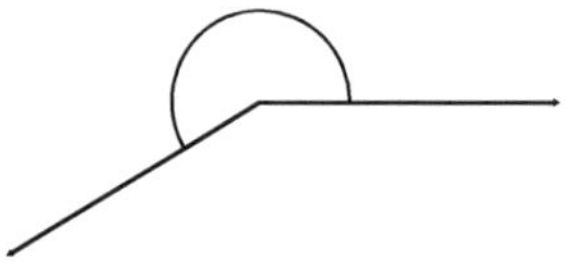

6)

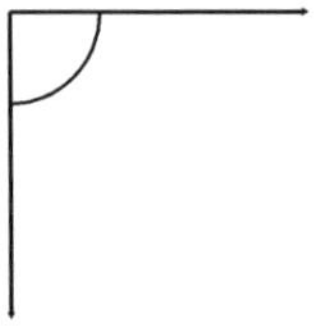

7)

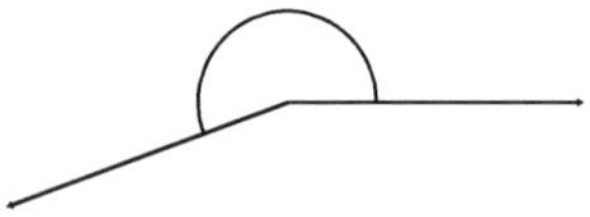

8)

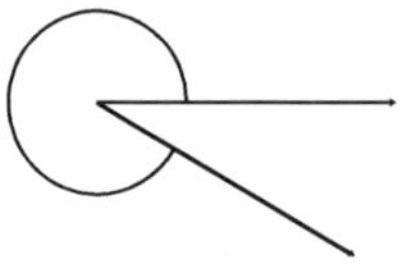

9)

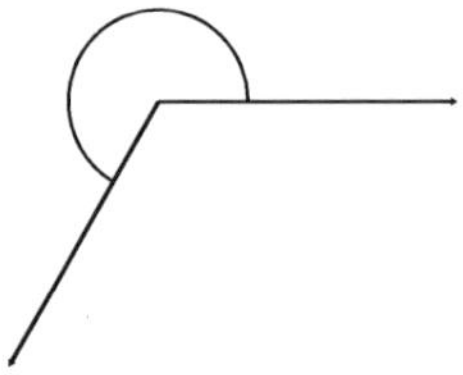

10)

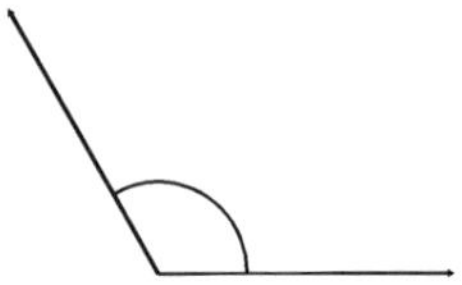

N) Classify and measure the angles.

1)

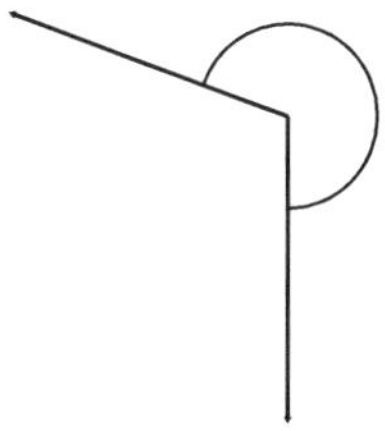

2)

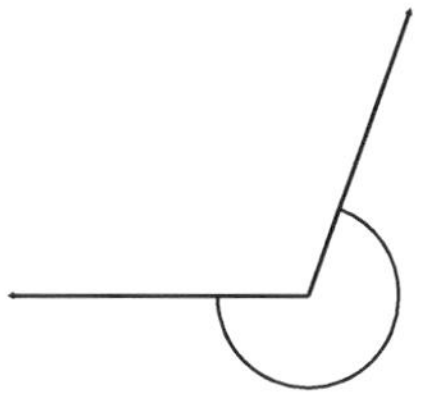

3)

4)

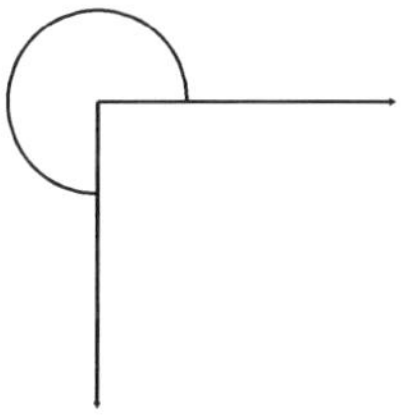

5)

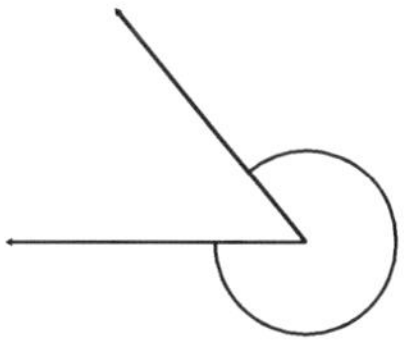

6)

7)

8)

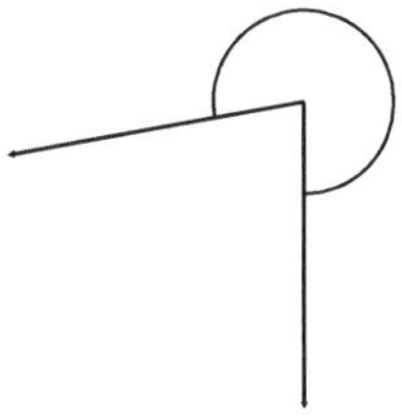

9)

10)

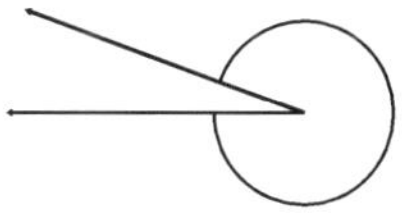

O) Classify and measure the angles.

1)

2)

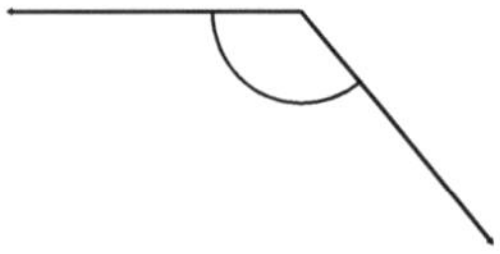

3)

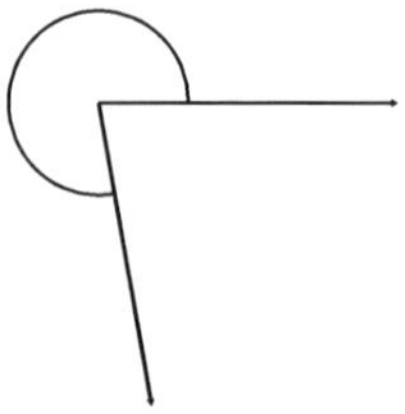

4)

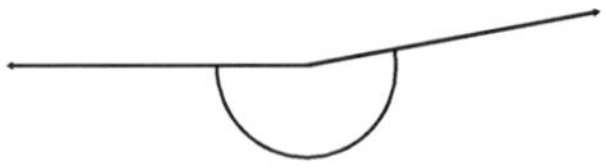

5)

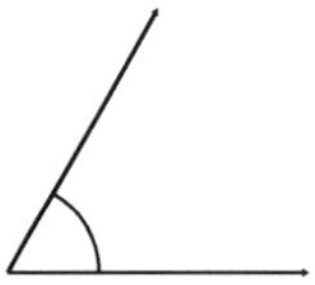

6)

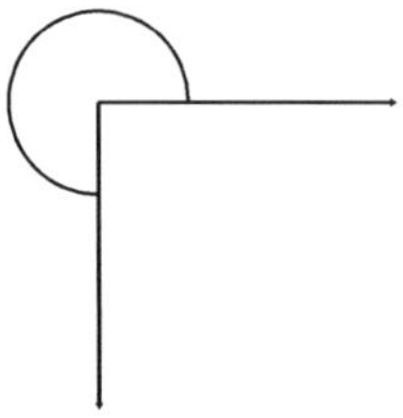

7)

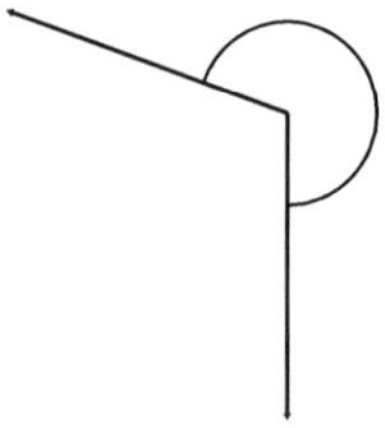

8)

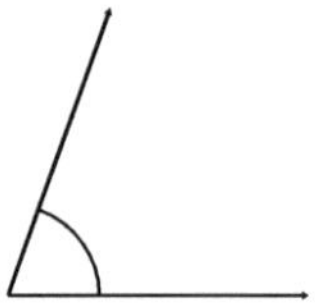

9)

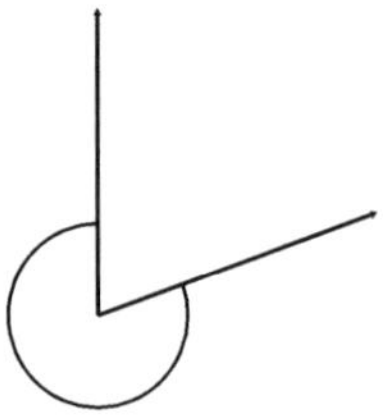

10)

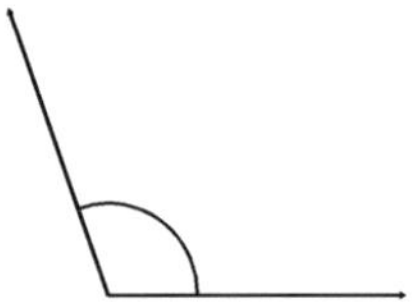

P) Classify and measure the angles.

1)

2)

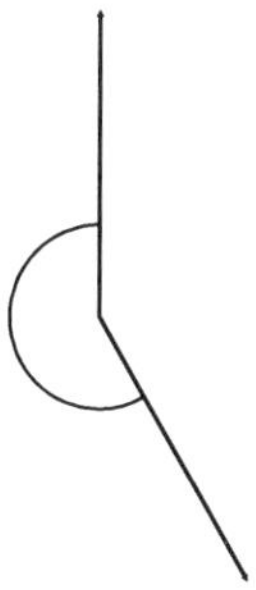

3)

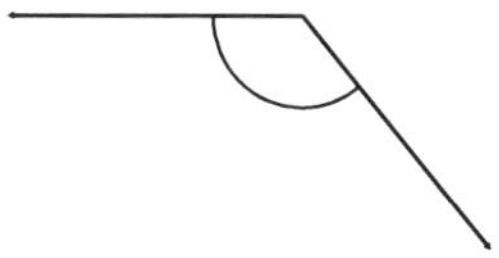

4)

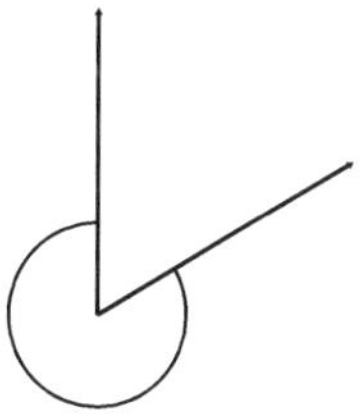

5)

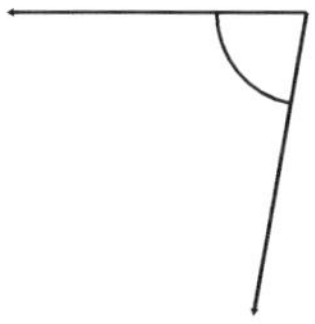

6)

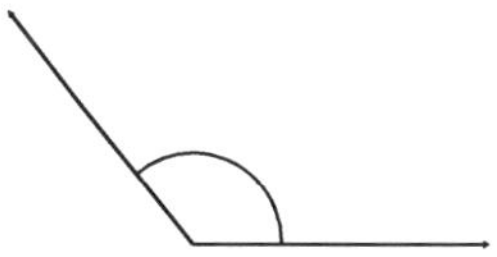

7)

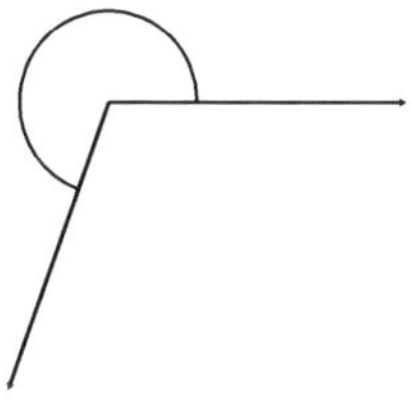

8)

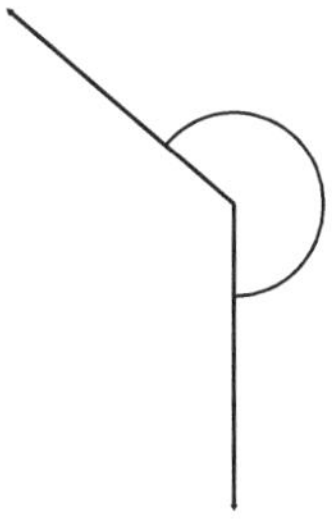

9)

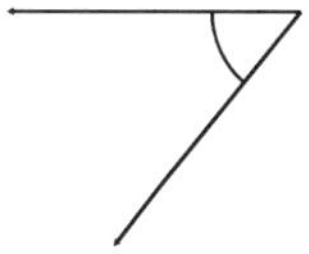

10)

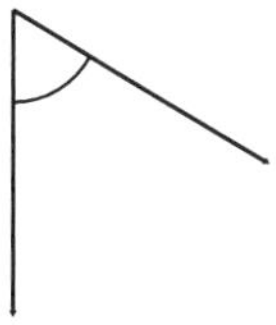

Q) Classify and measure the angles.

1)

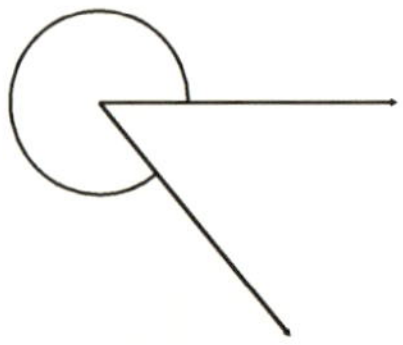

2)

3)

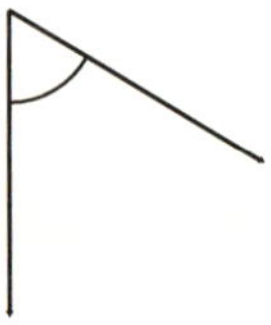

4)

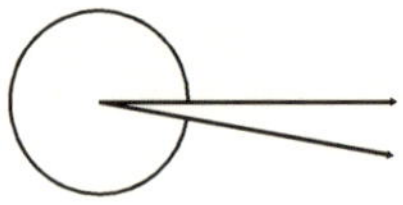

5)

6)

7)

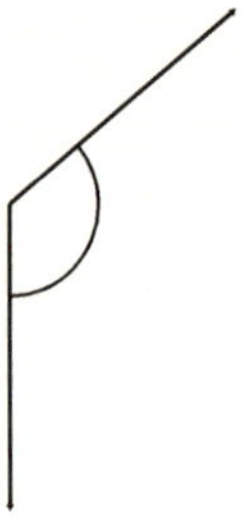

8)

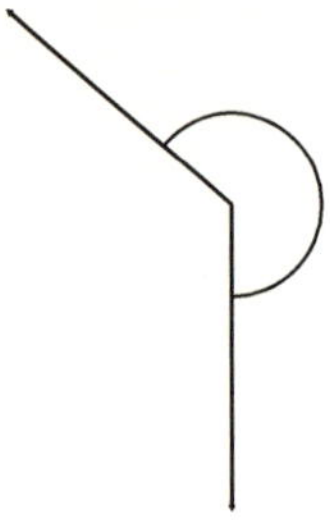

9)

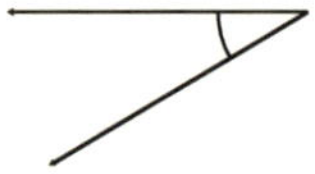

10)

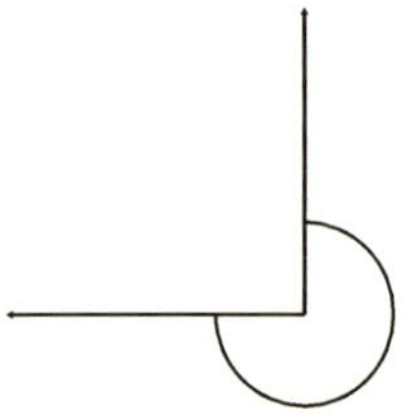

R) Classify and measure the angles.

1)

2)

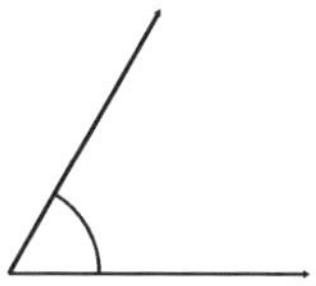

3)

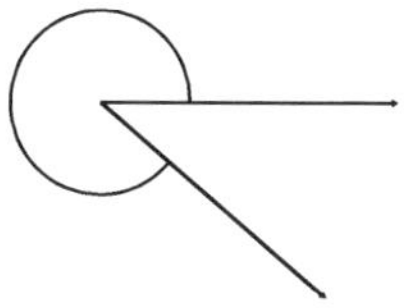

4)

5)

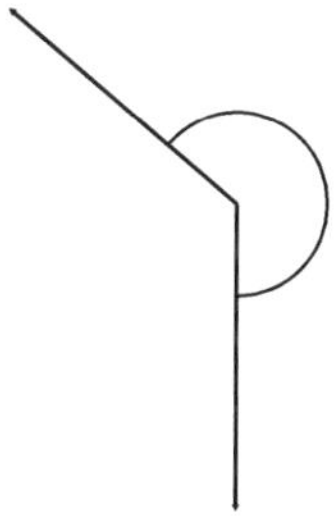

6)

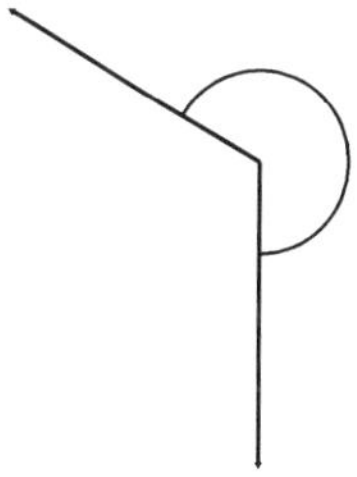

7)

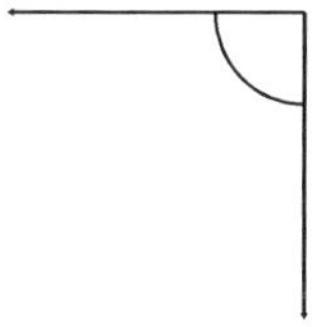

8)

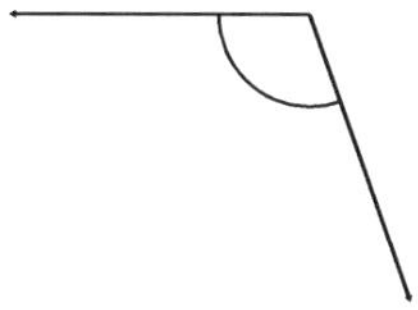

9)

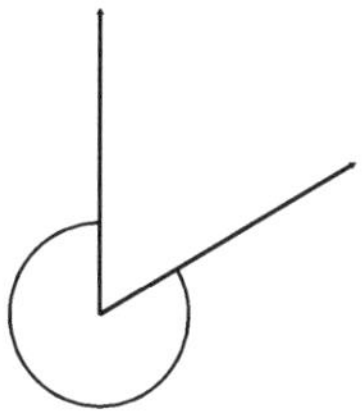

10)

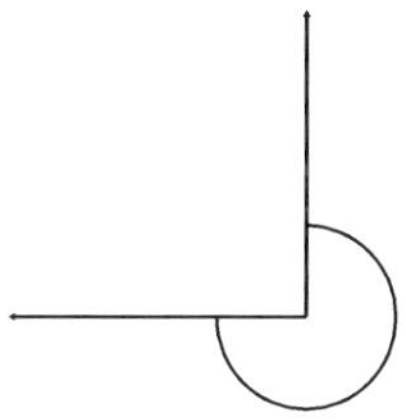

S) Classify and measure the angles.

1)

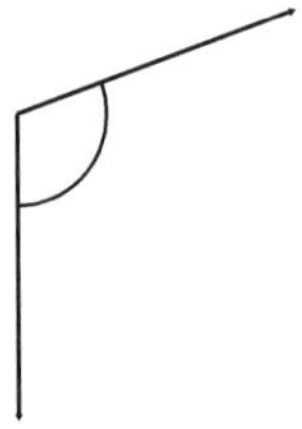

2)

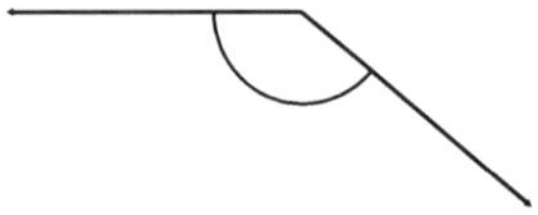

3)

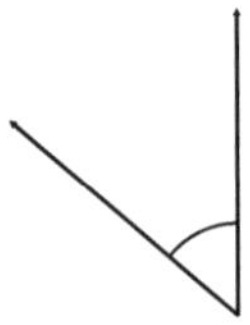

4)

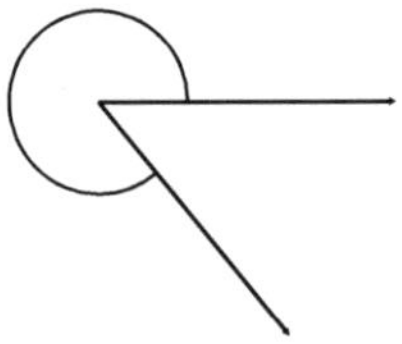

5)

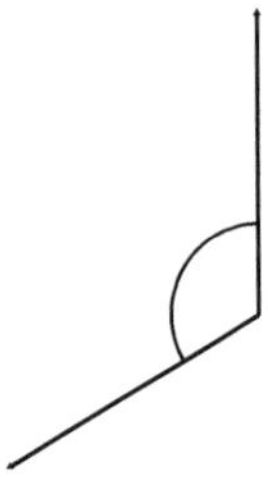

6)

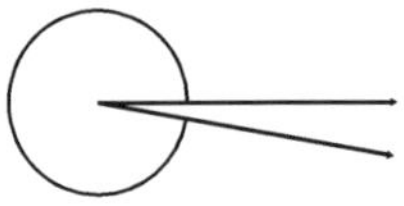

7)

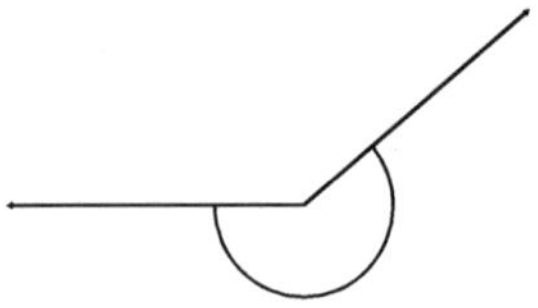

8)

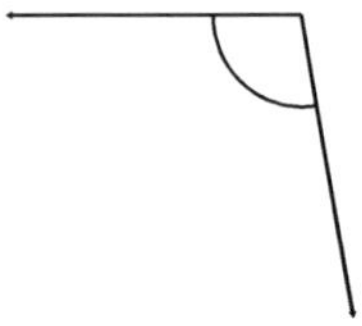

9)

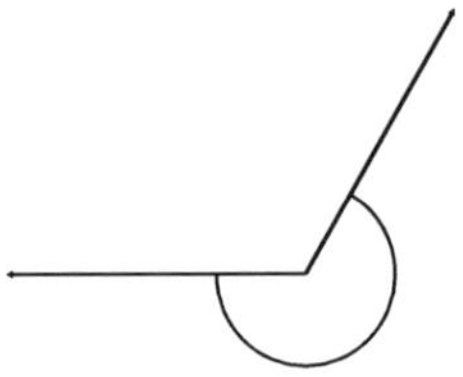

10)

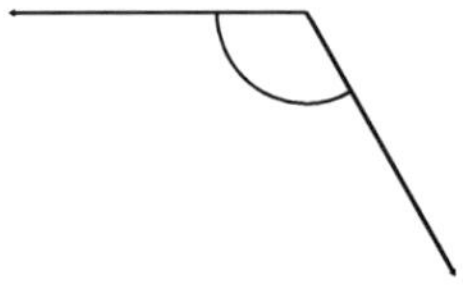

T) Classify and measure the angles.

1)

____

2)

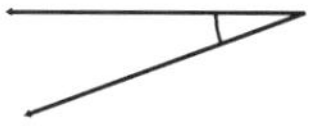

____

3)

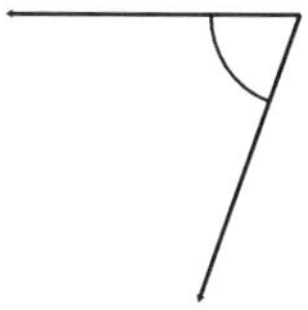

____

4)

____

5)

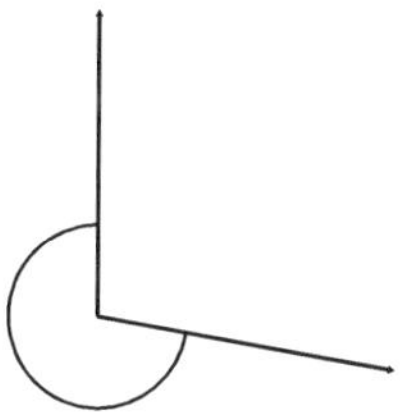

____

6)

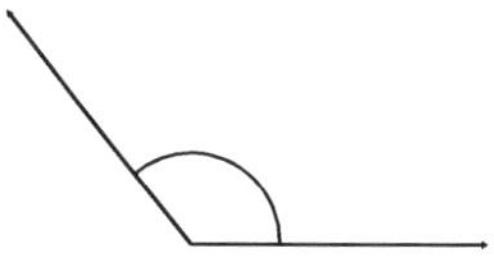

____

7)

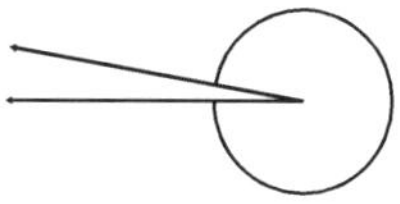

____

8)

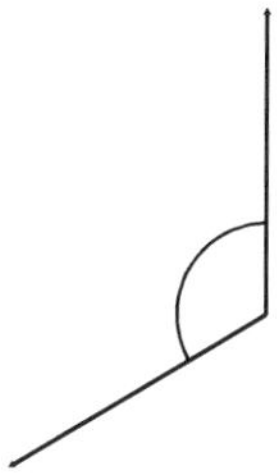

____

9)

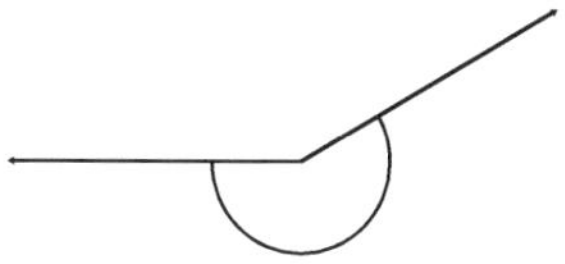

____

10)

____

U) Classify and measure the angles.

1)

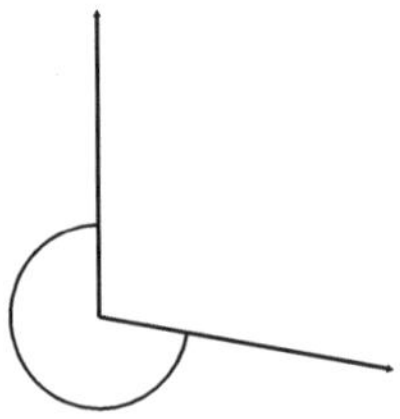

2)

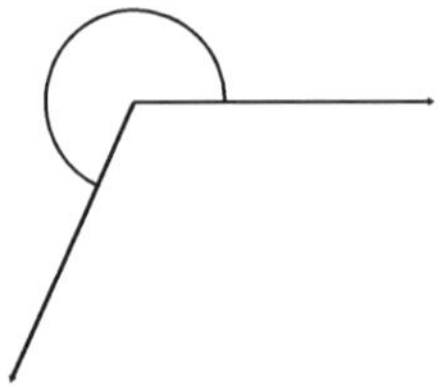

3)

4)

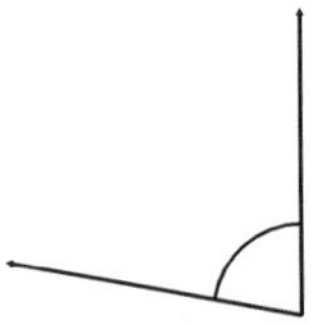

5)

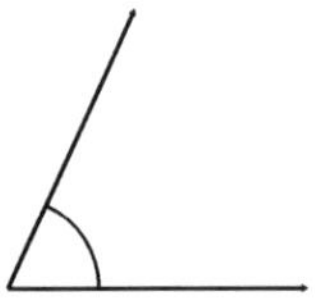

6)

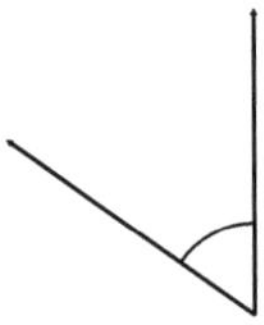

7)

8)

9)

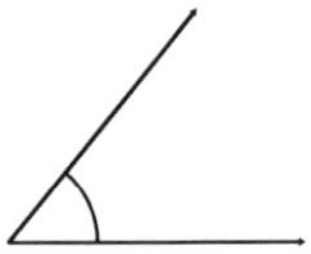

10)

V) Classify and measure the angles.

1)

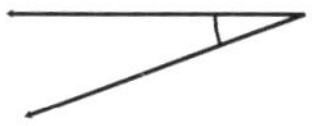

____

2)

____

3)

____

4)

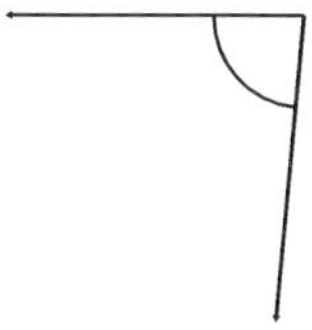

____

5)

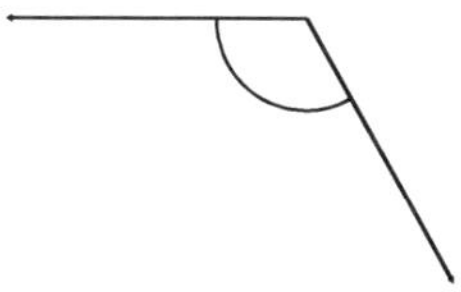

____

6)

____

7)

____

8)

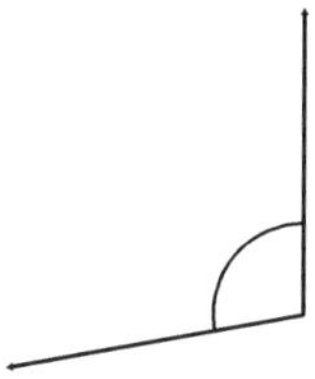

____

9)

____

10)

____

W) Classify and measure the angles.

1)

2)

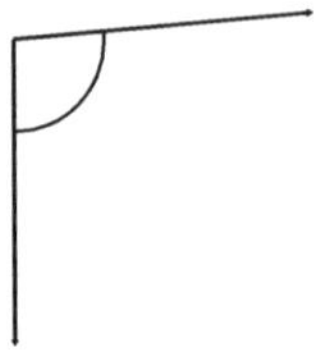

3)

4)

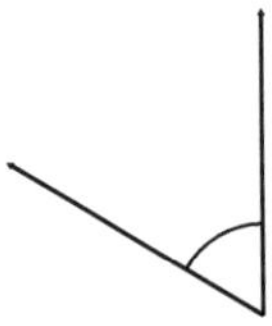

5)

6)

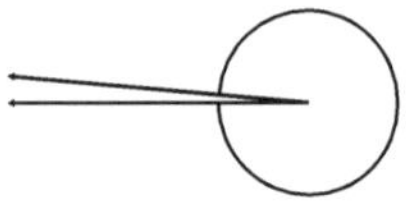

7)

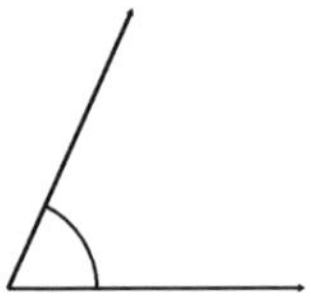

8)

9)

10)

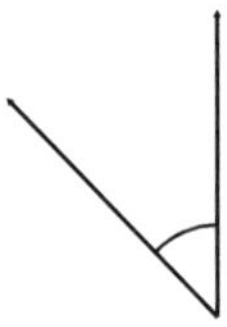

X) Classify and measure the angles.

1)

2)

3)

4)

5)

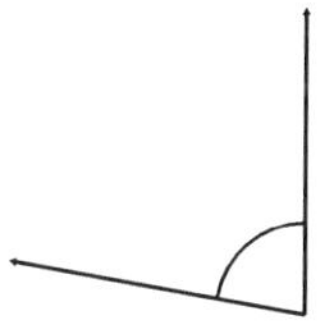

6)

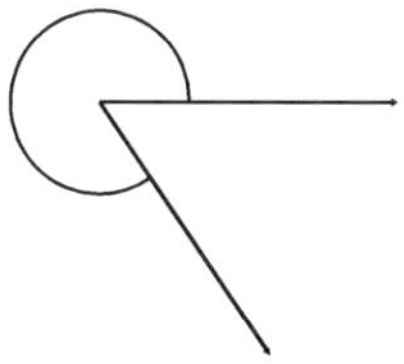

7)

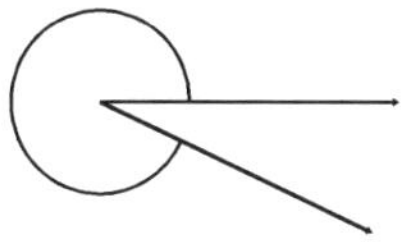

8)

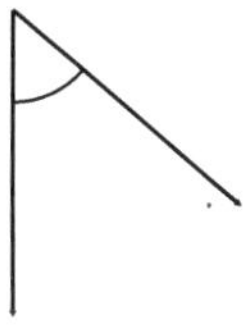

9)

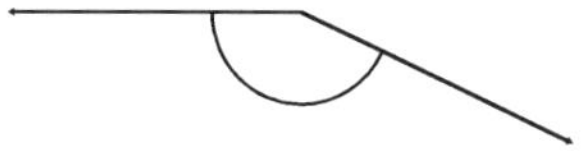

10)

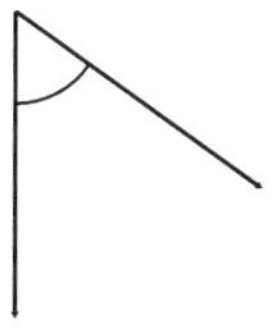

Y) Classify and measure the angles.

1)

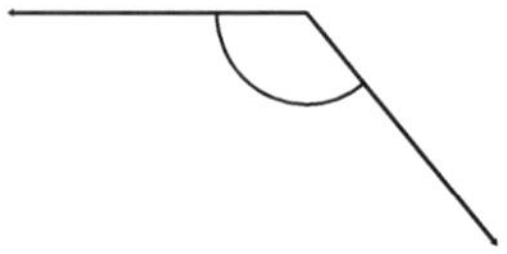

2)

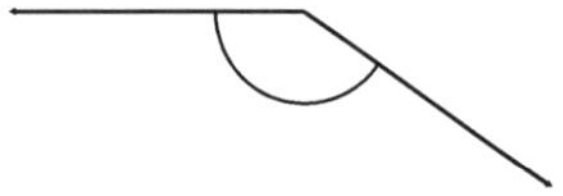

3)

4)

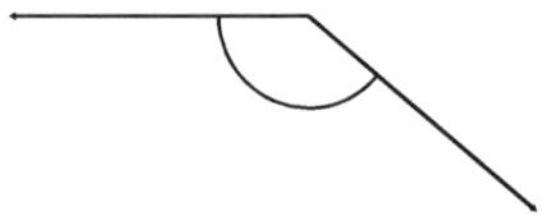

5)

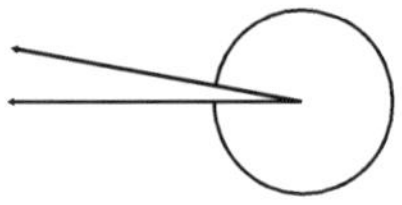

6)

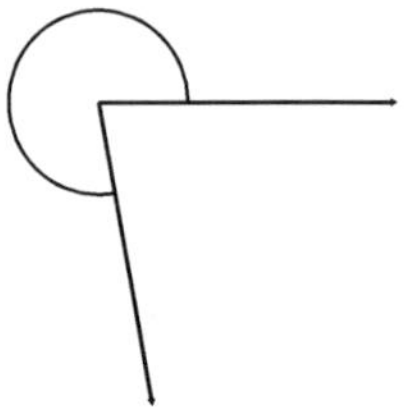

7)

8)

9)

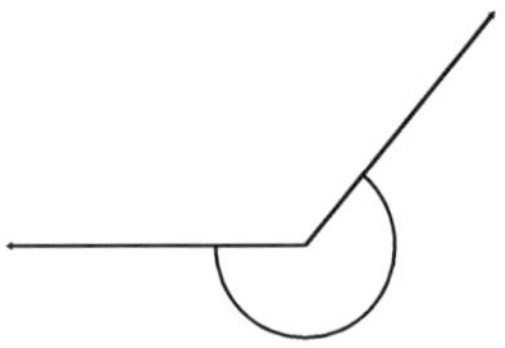

10)

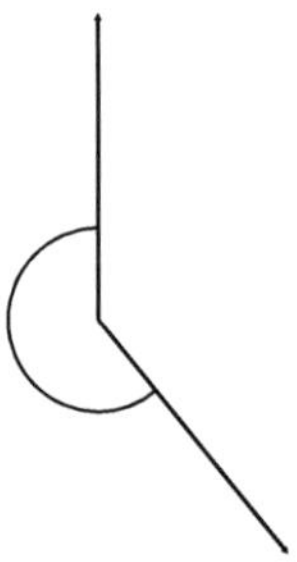

Z) Classify and measure the angles.

1)

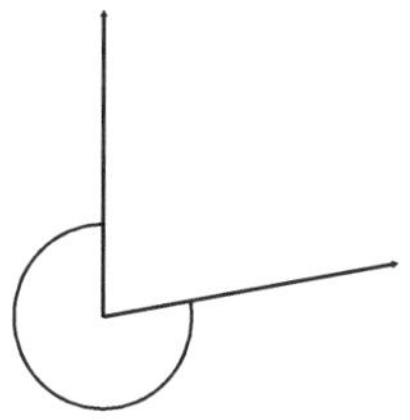

____

2)

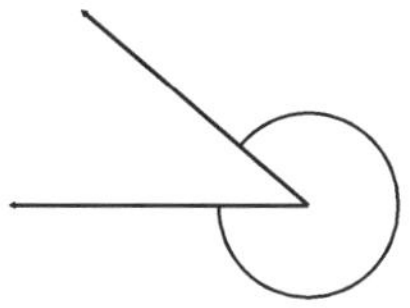

____

3)

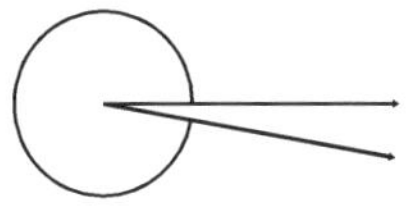

____

4)

____

5)

____

6)

____

7)

____

8)

____

9)

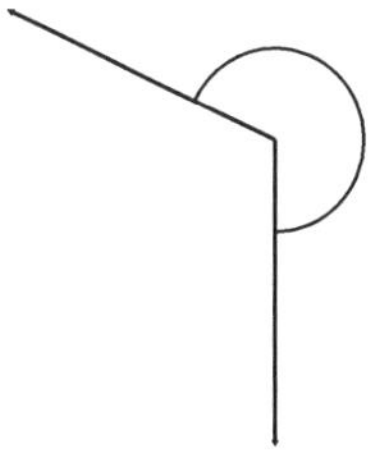

____

10)

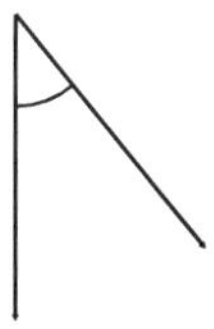

____

AA) Classify and measure the angles.

1)

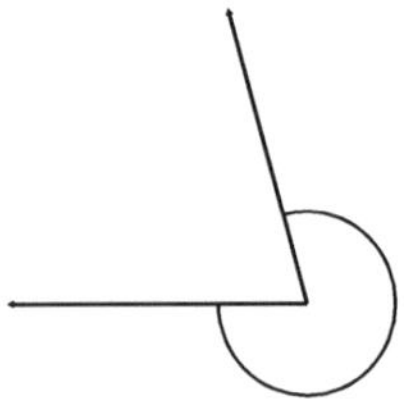

2)

3)

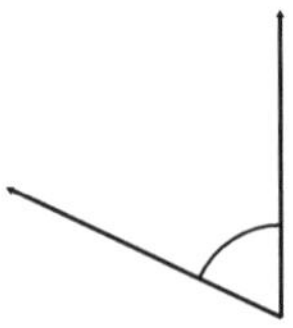

4)

5)

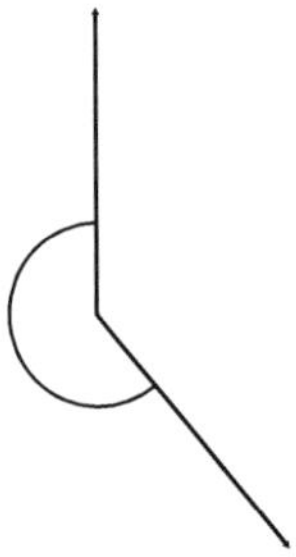

6)

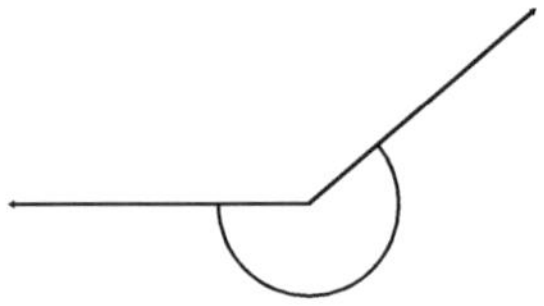

7)

8)

9)

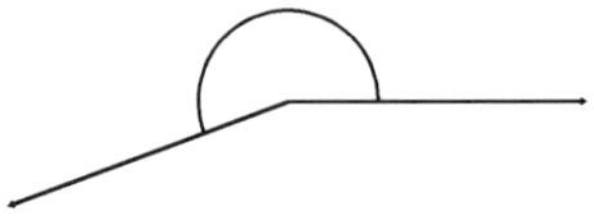

10)

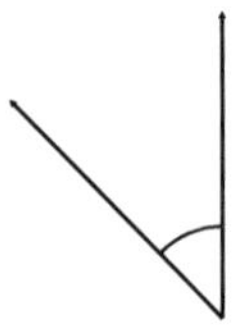

BB) Classify and measure the angles.

1)

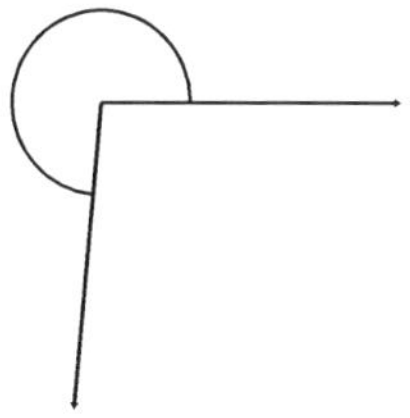

2)

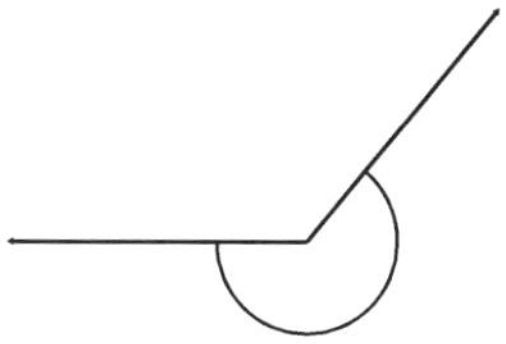

3)

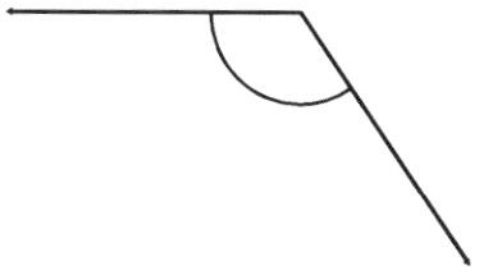

4)

5)

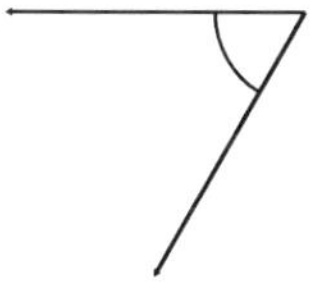

6)

7)

8)

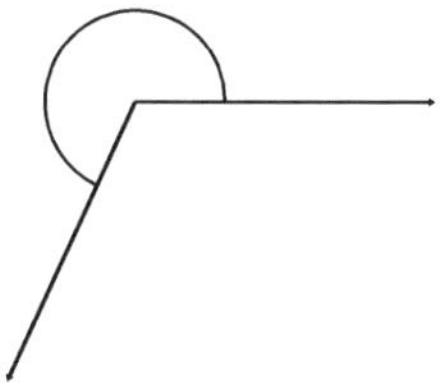

9)

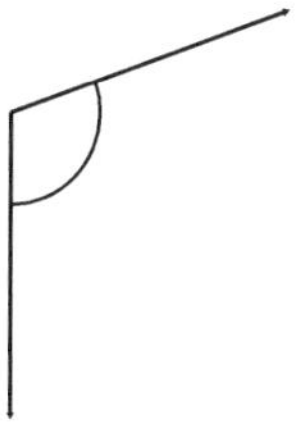

10)

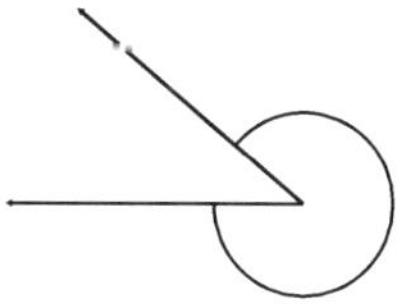

CC) Classify and measure the angles.

1) 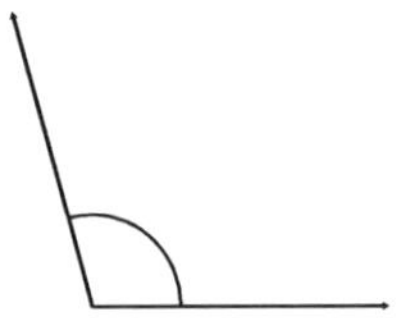

2) 

3) 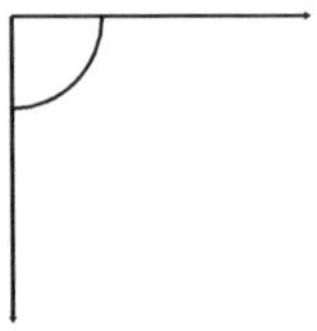

4) 

5) 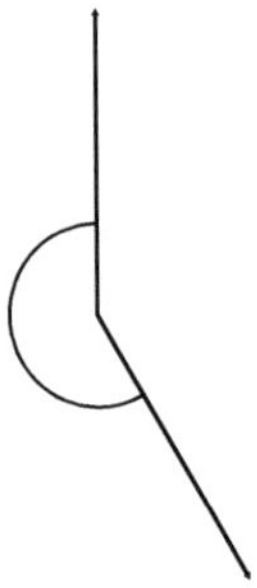

6) 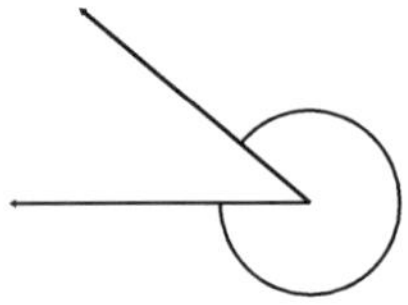

7) 

8) 

9) 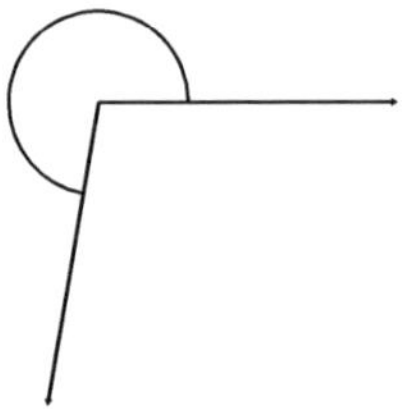

10) 

DD) Classify and measure the angles.

1)

2)

3)

4)

5)

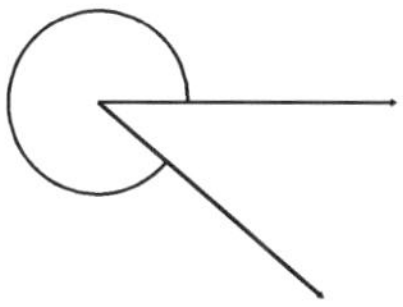

6)

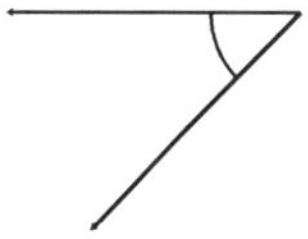

7)

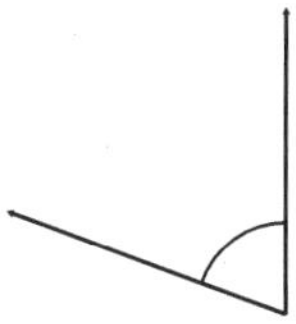

8)

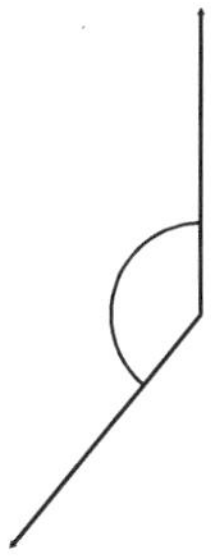

9)

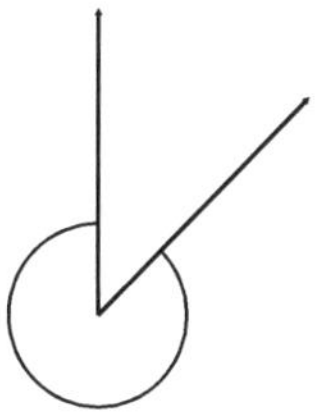

10)

EE) Classify and measure the angles.

1)

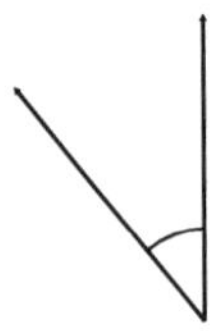

2)

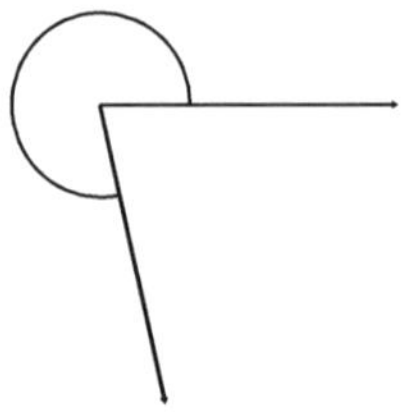

3)

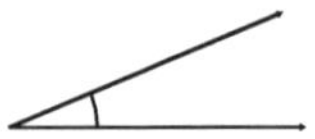

4)

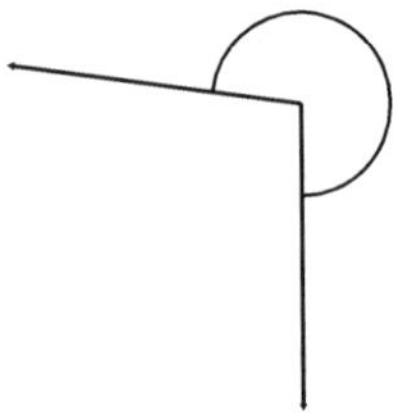

5)

6)

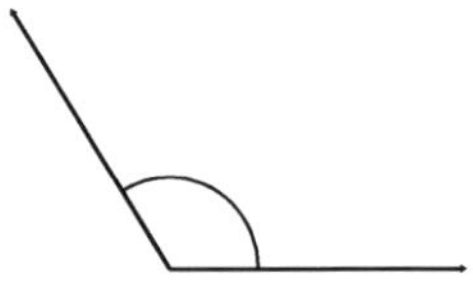

7)

8)

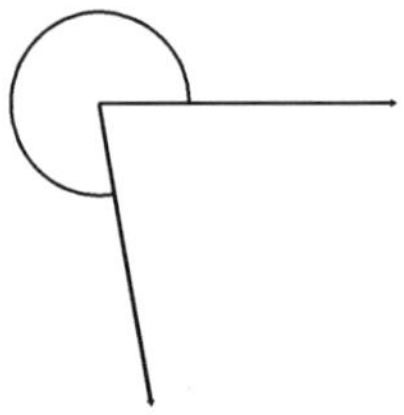

9)

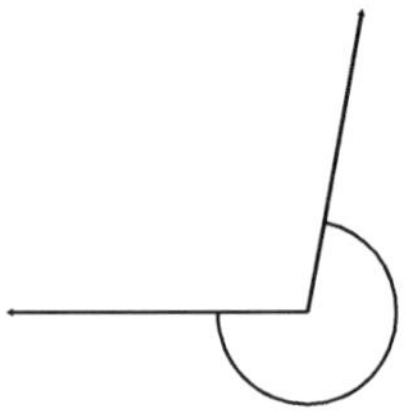

10)

FF) Classify and measure the angles.

1)

2)

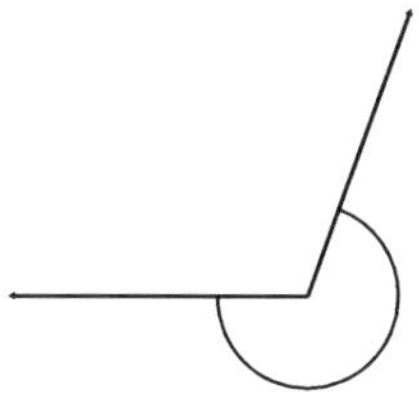

3)

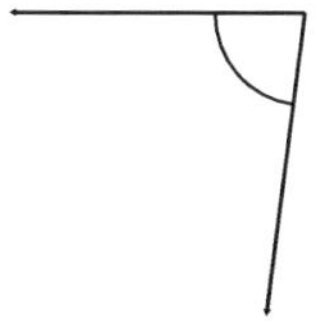

4)

5)

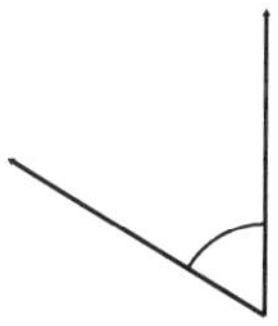

6)

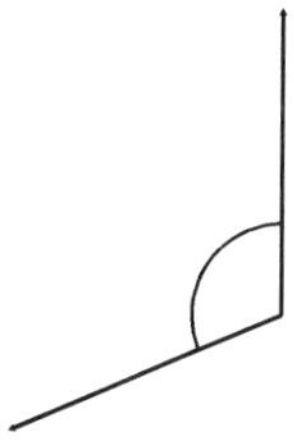

7)

8)

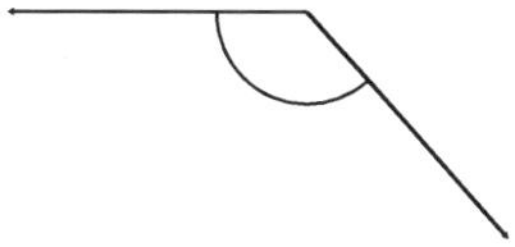

9)

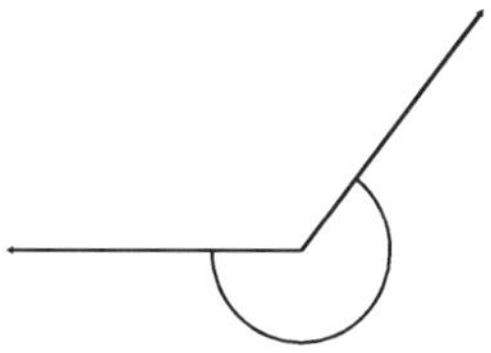

10)

GG) Classify and measure the angles.

1)

2)

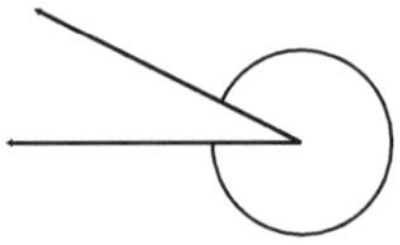

3)

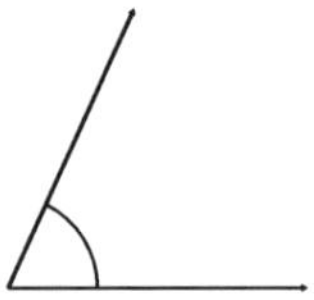

4)

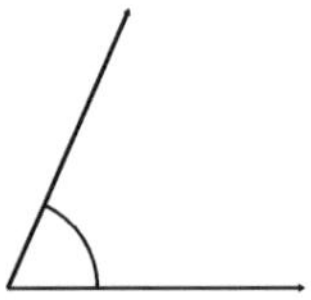

5)

6)

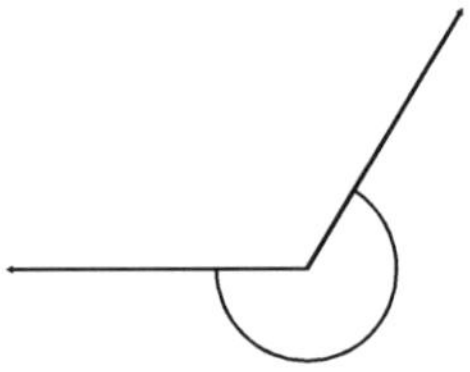

7)

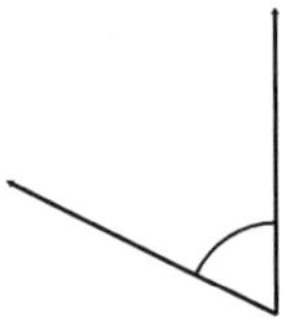

8)

9)

10)

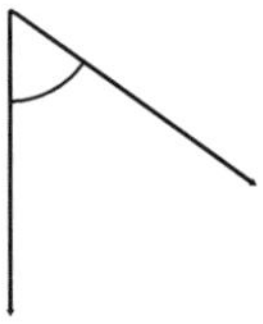

HH) Classify and measure the angles.

1)

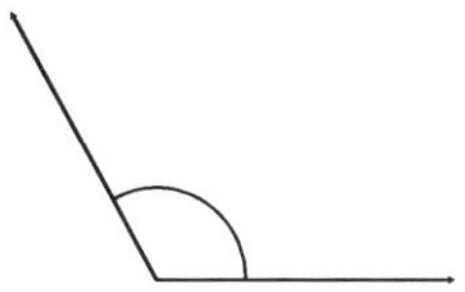

2)

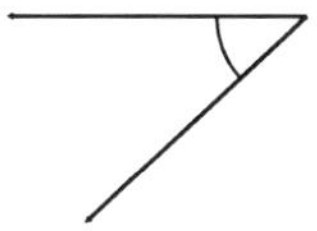

3)

4)

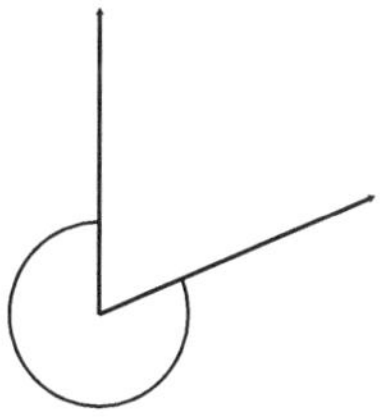

5)

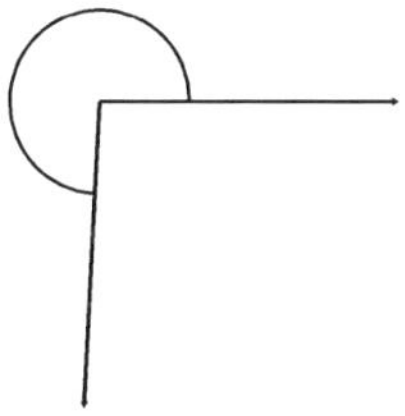

6)

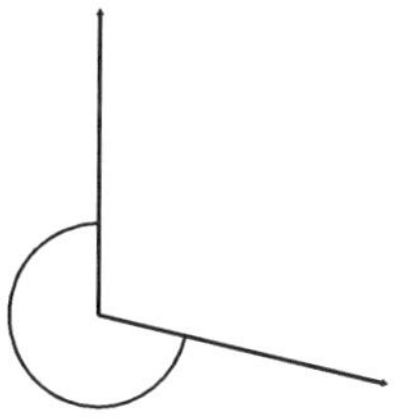

7)

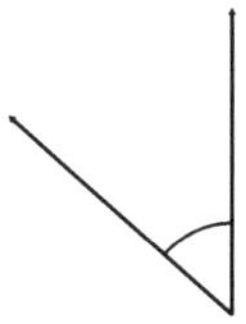

8)

9)

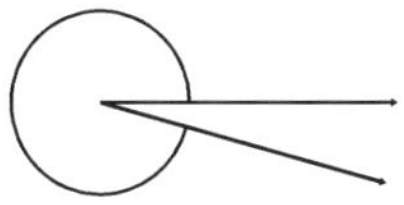

10)

II) Classify and measure the angles.

1)

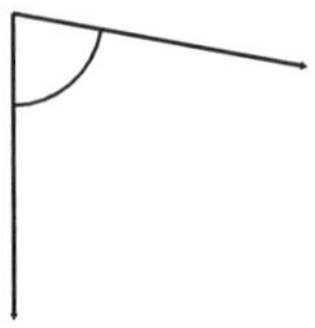

2)

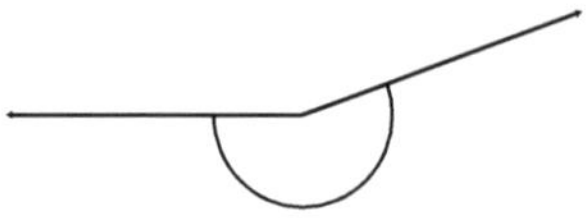

3)

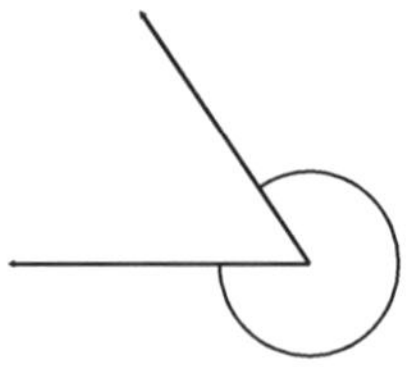

4)

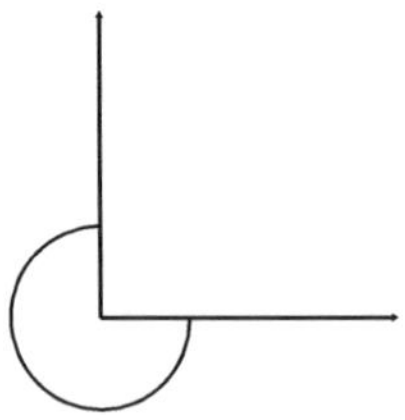

5)

6)

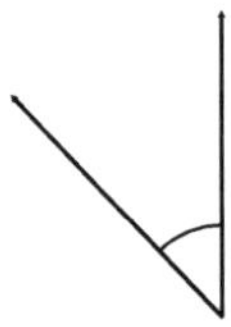

7)

8)

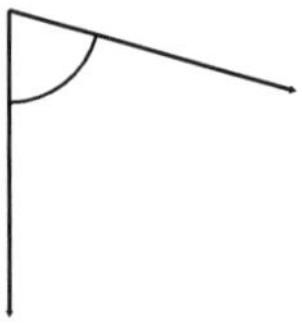

9)

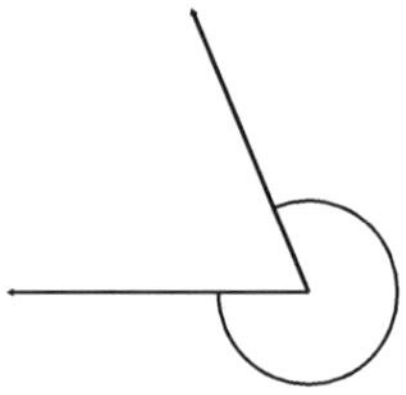

10)

JJ) Classify and measure the angles.

1)

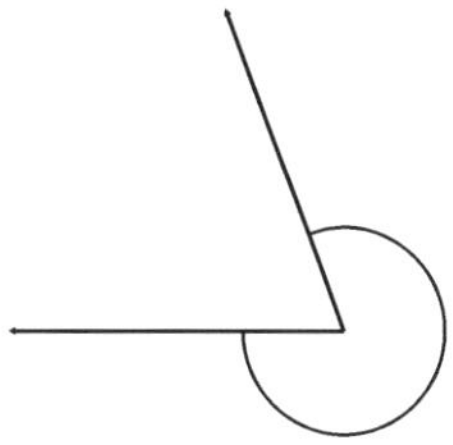

2)

3)

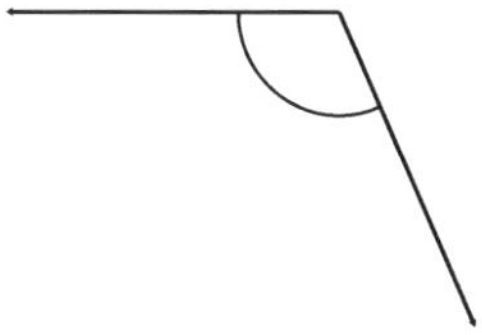

4)

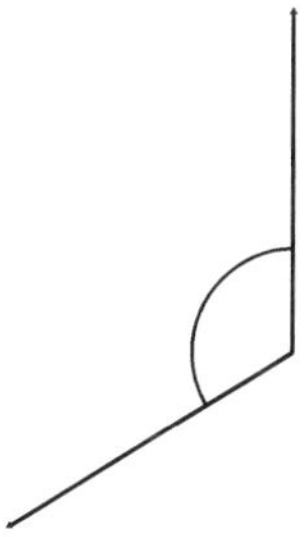

5)

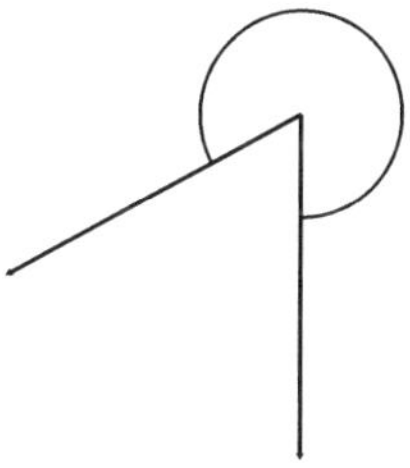

6)

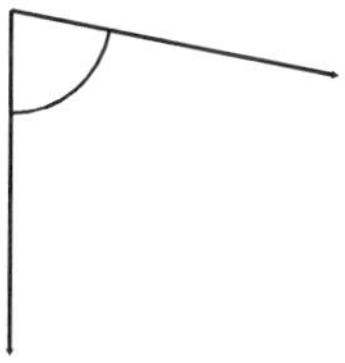

7)

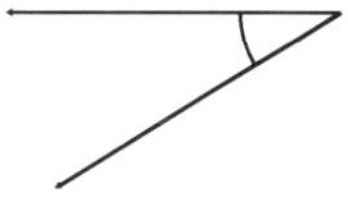

8)

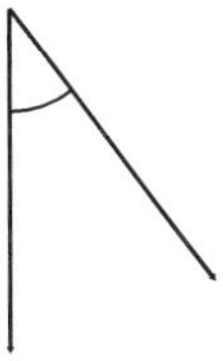

9)

KK) Classify and measure the angles.

1)

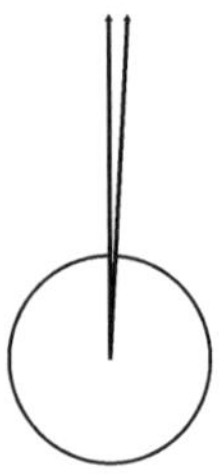

2)

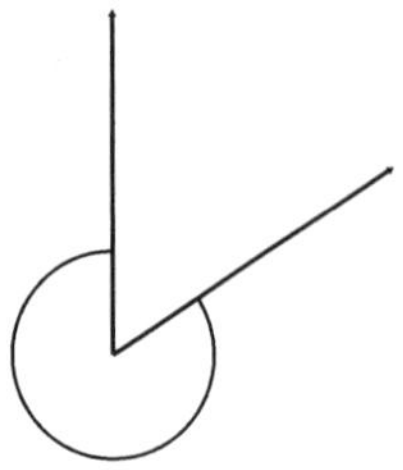

3)

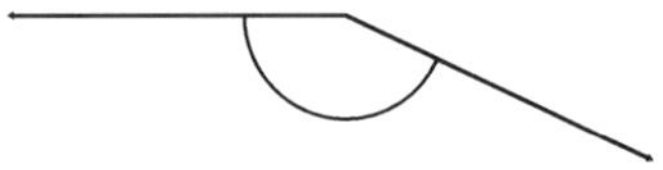

4)

5)

6)

7)

8)

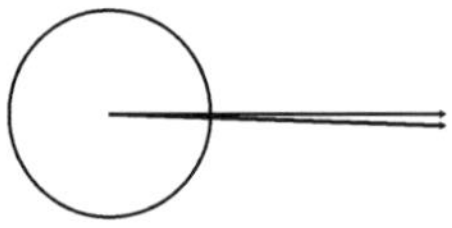

9)

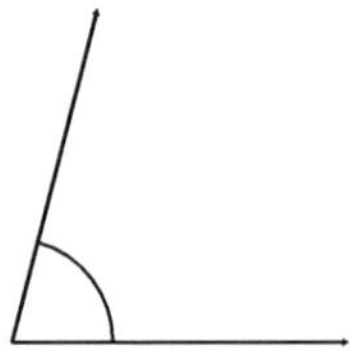

LL) Classify and measure the angles.

1)

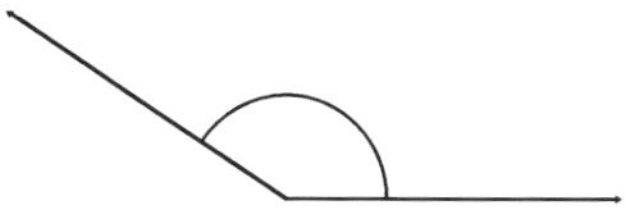

2)

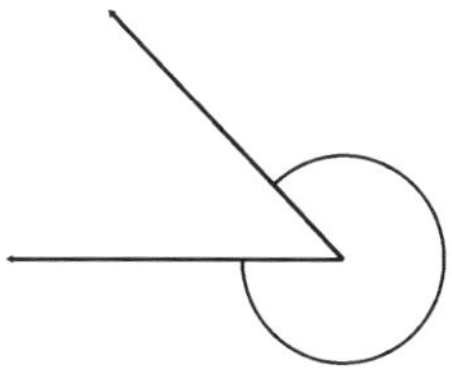

3)

4)

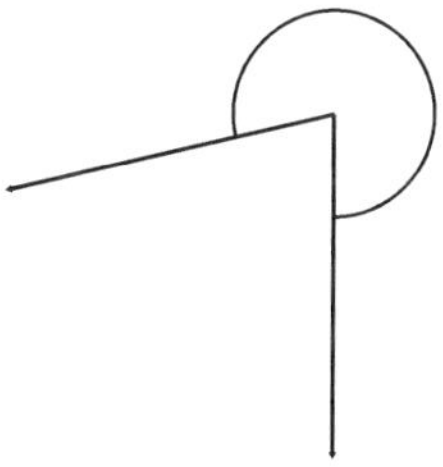

5)

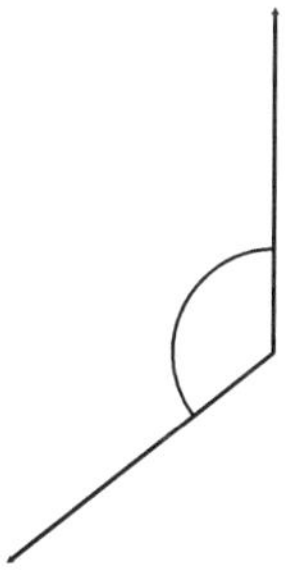

6)

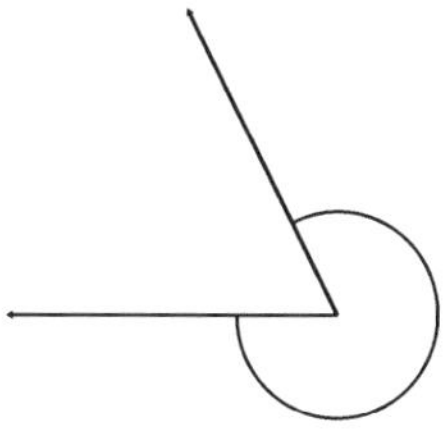

7)

8)

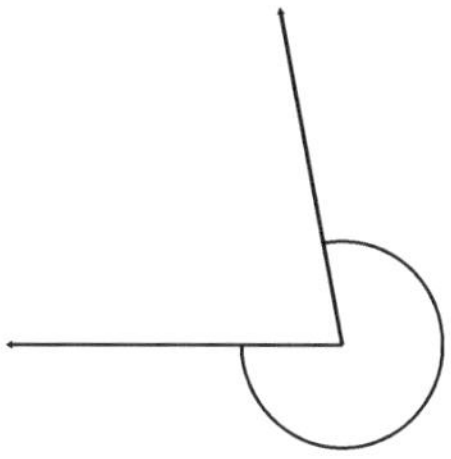

9)

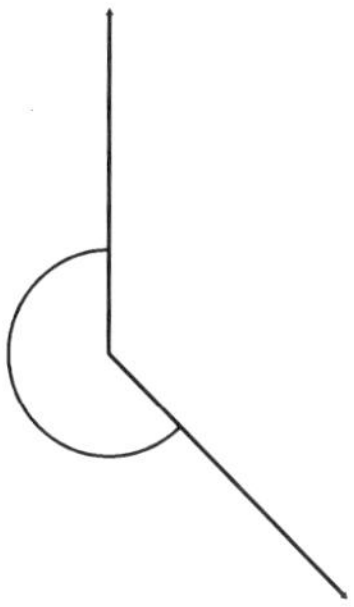

MM) Classify and measure the angles.

1)

2)

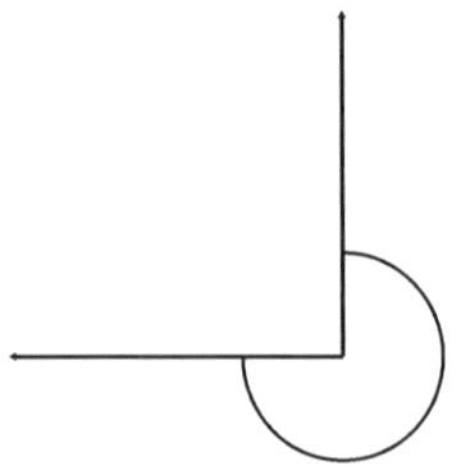

3)

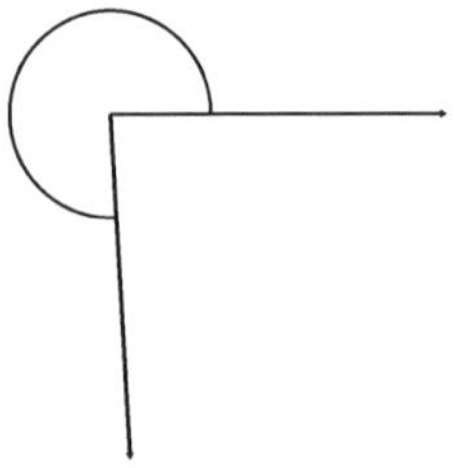

4)

5)

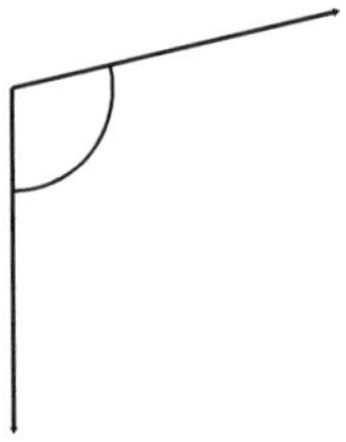

6)

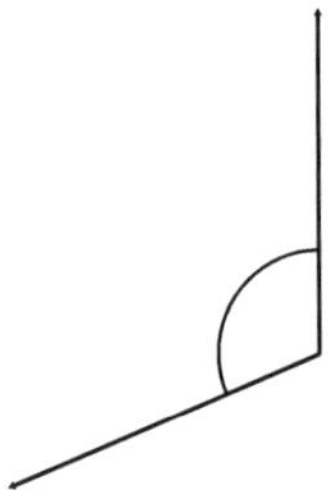

7)

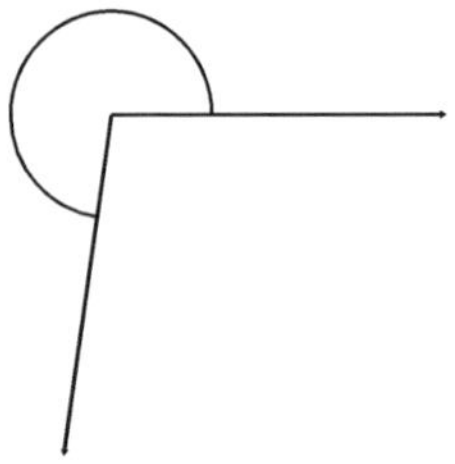

8)

9)

NN) Classify and measure the angles.

1)

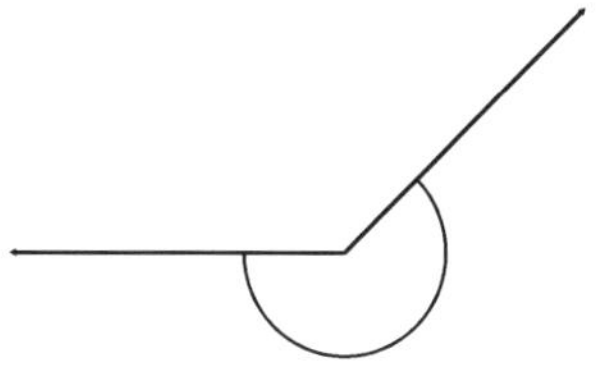

2)

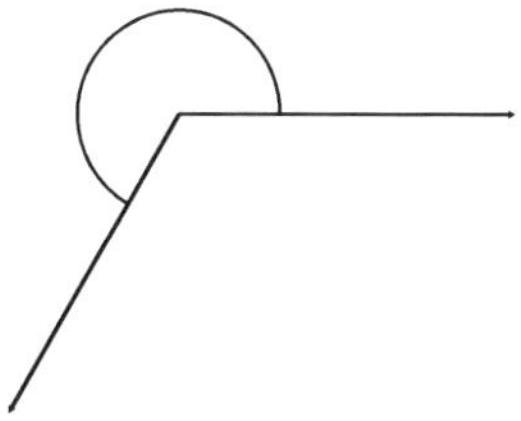

3)

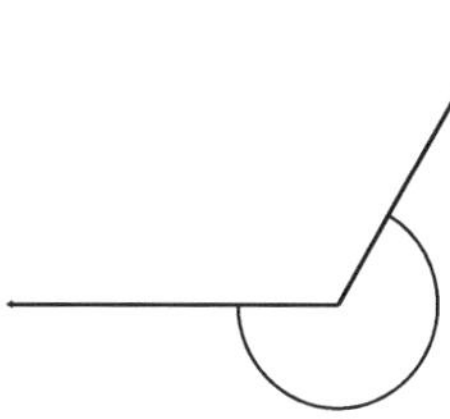

4)

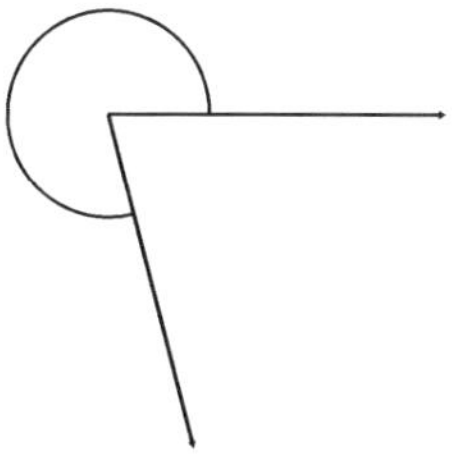

5)

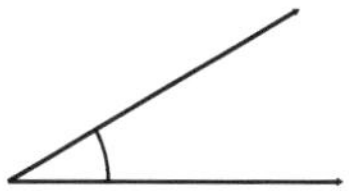

6)

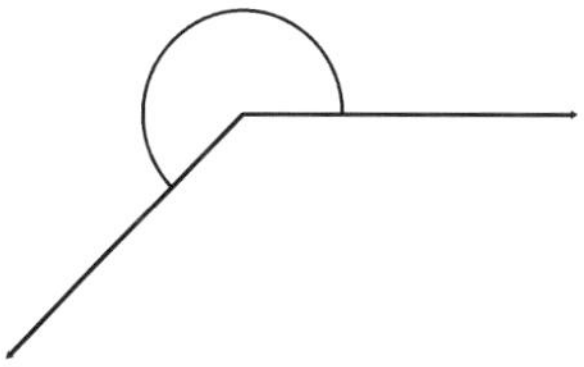

7)

8)

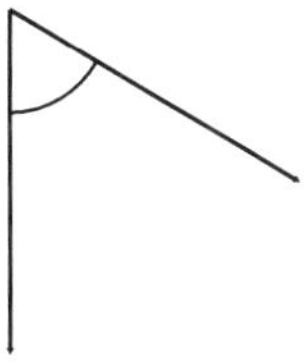

9)

OO) Classify and measure the angles.

1)

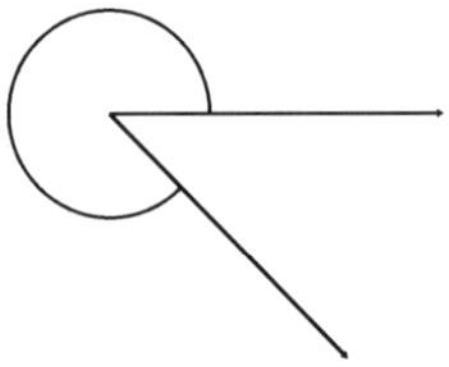

2)

3)

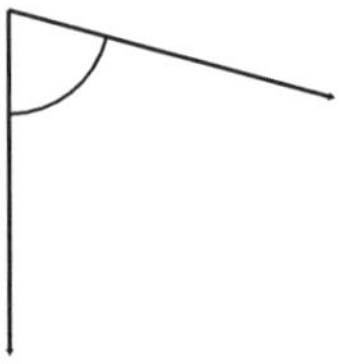

4)

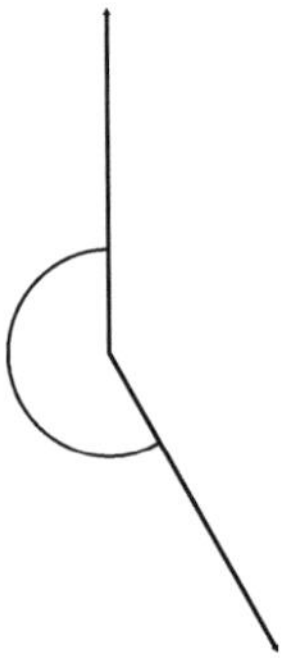

5)

6)

7)

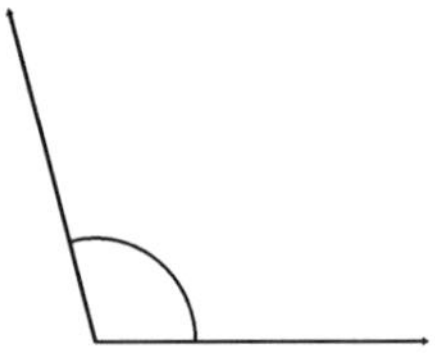

8)

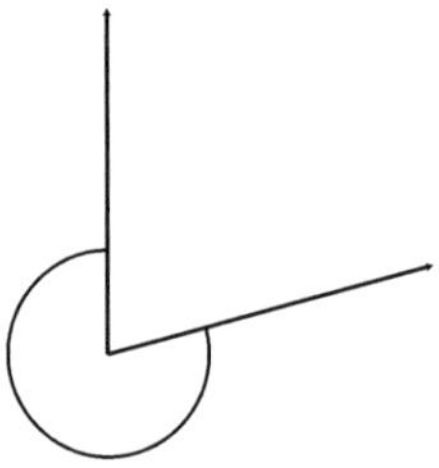

9)

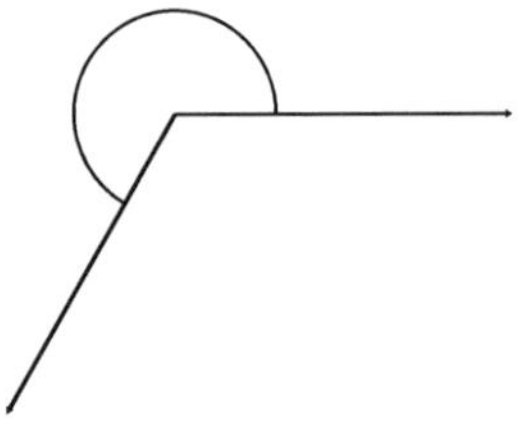

PP) Classify and measure the angles.

1)

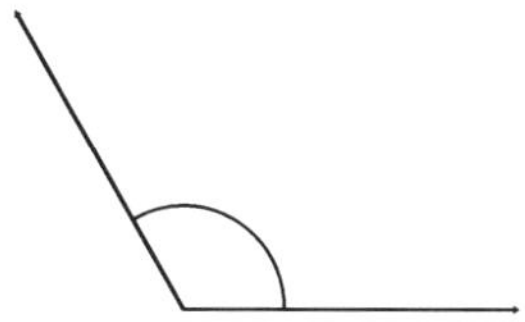

2)

3)

4)

5)

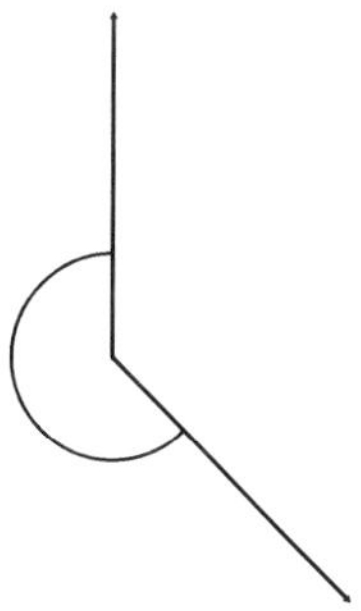

6)

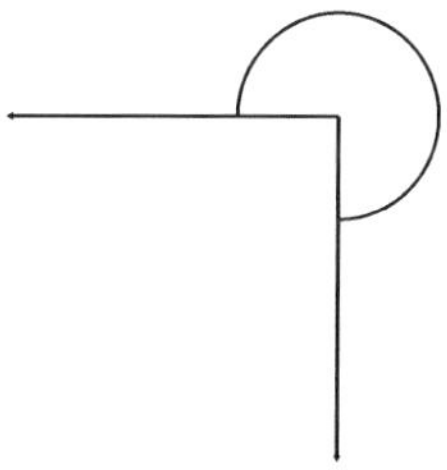

7)

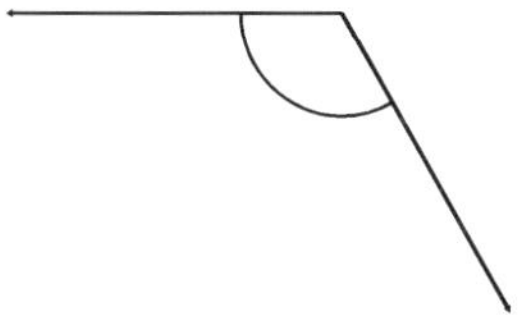

8)

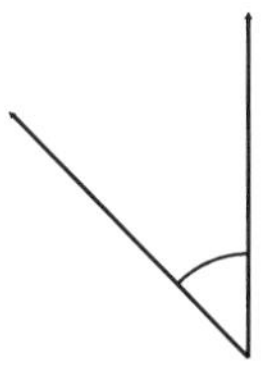

9)

QQ) Classify and measure the angles.

1)

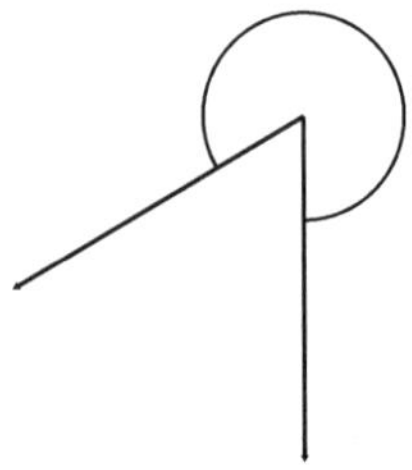

2)

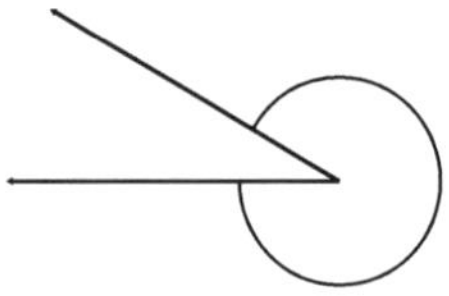

3)

4)

5)

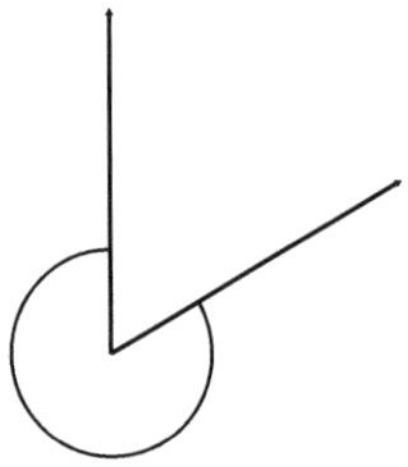

6)

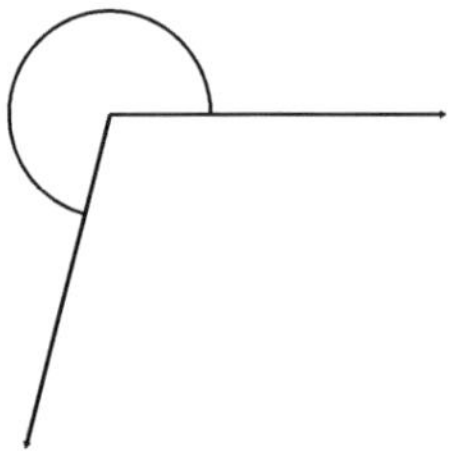

7)

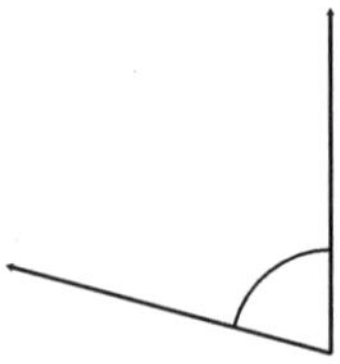

8)

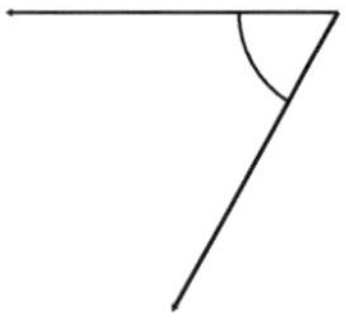

9)

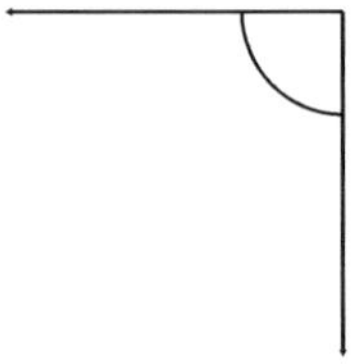

RR) Classify and measure the angles.

1)

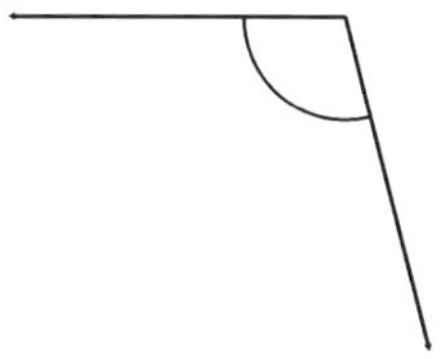

2)

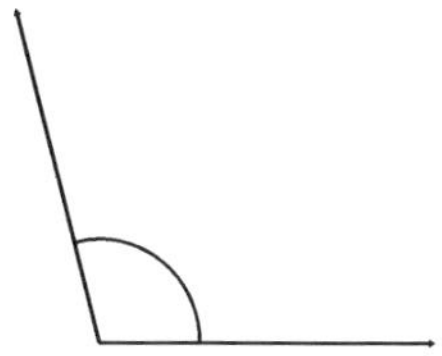

3)

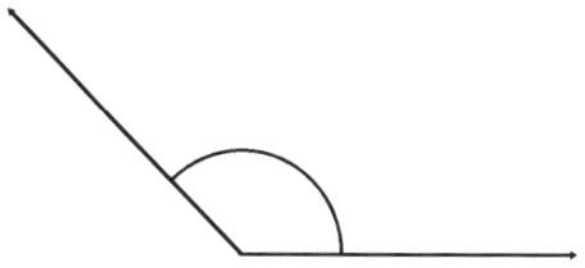

4)

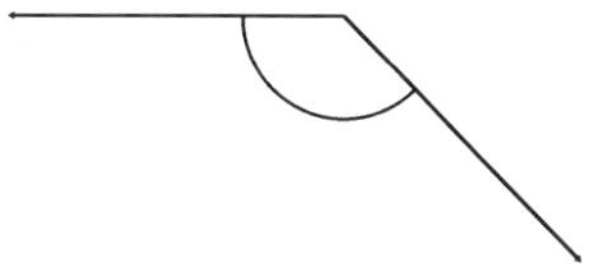

5)

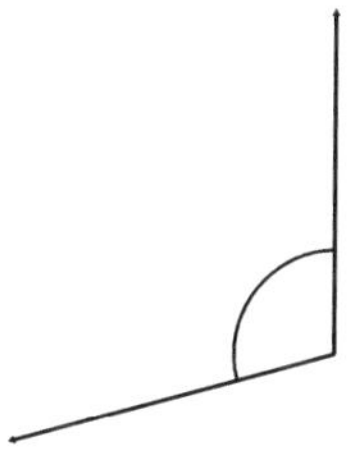

6)

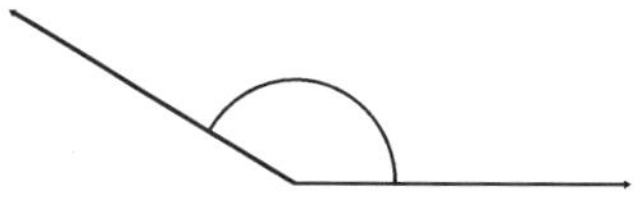

7)

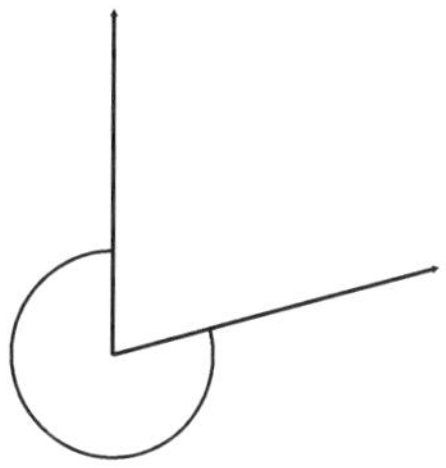

8)

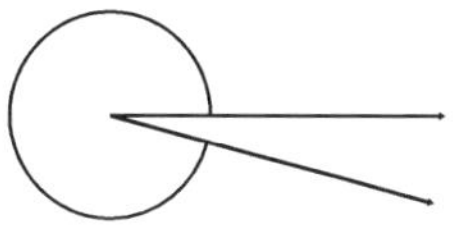

9)

SS) Classify and measure the angles.

1)

2)

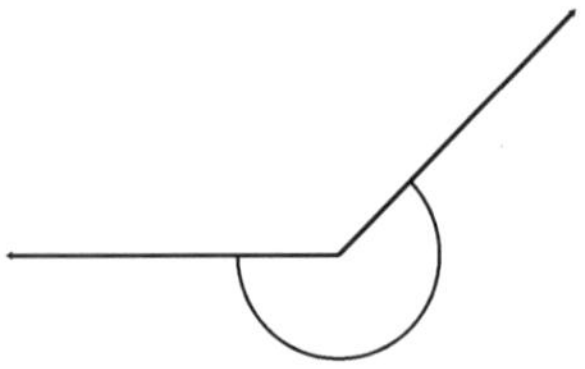

3)

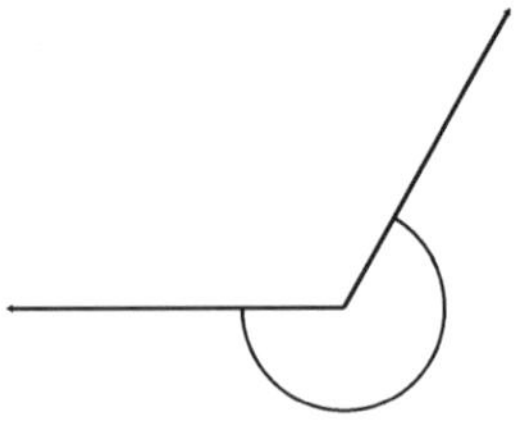

4)

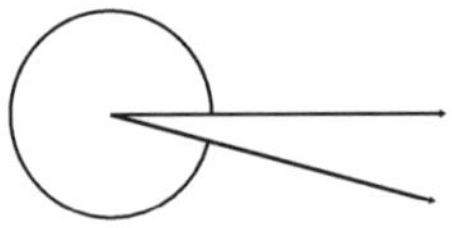

5)

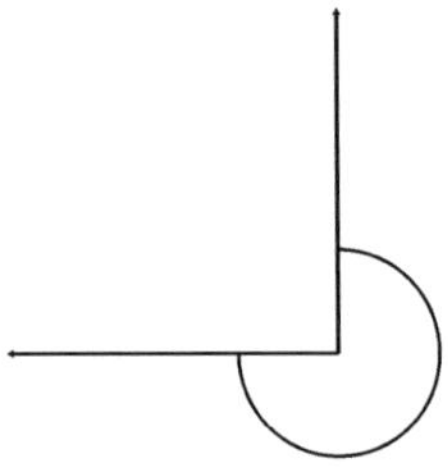

6)

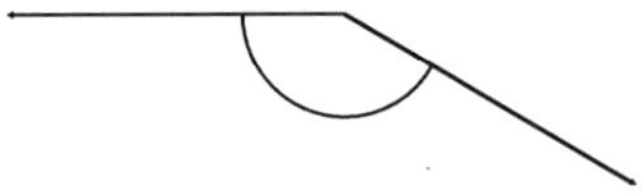

7)

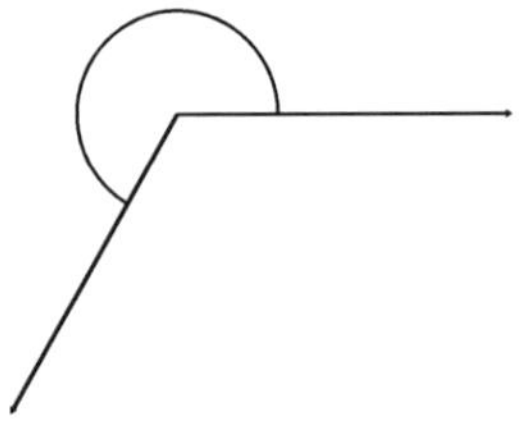

8)

9)

TT) Classify and measure the angles.

1)

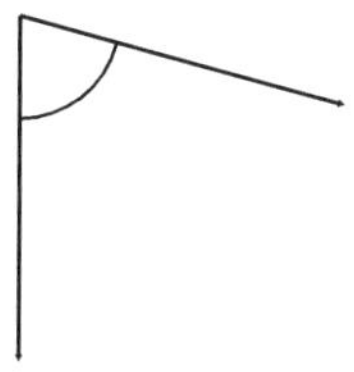

2)

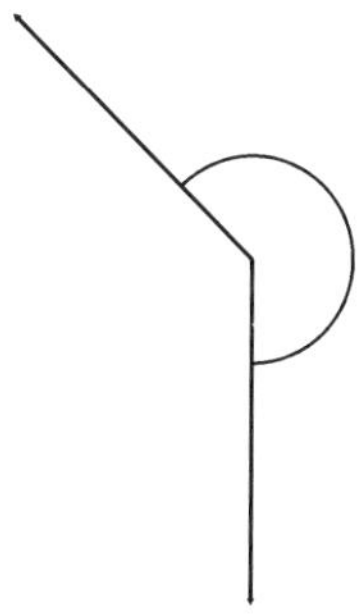

3)

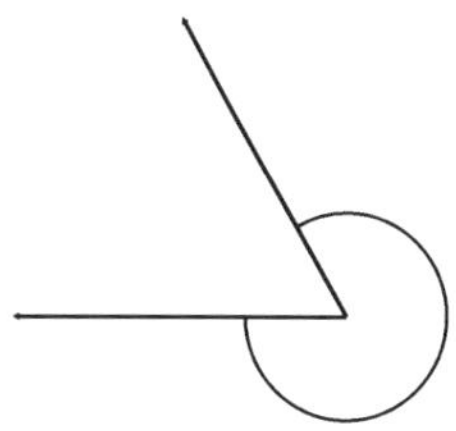

4)

5)

6)

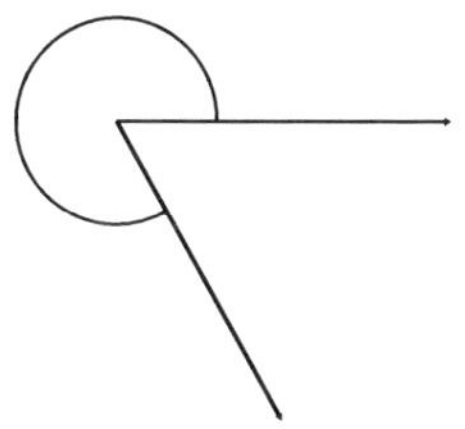

7)

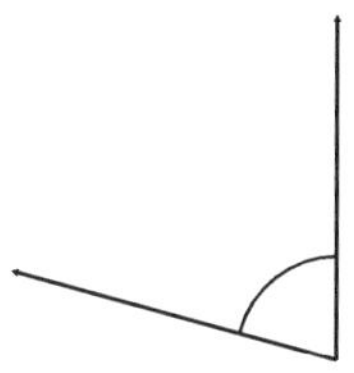

8)

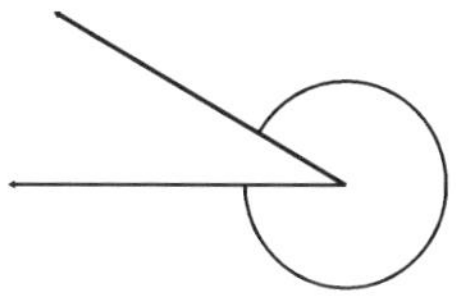

9)

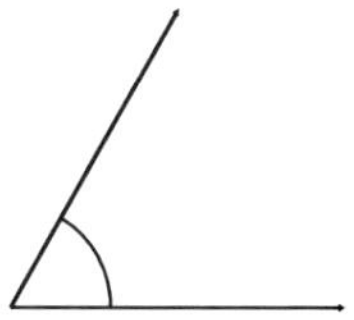

UU) Classify and measure the angles.

1)

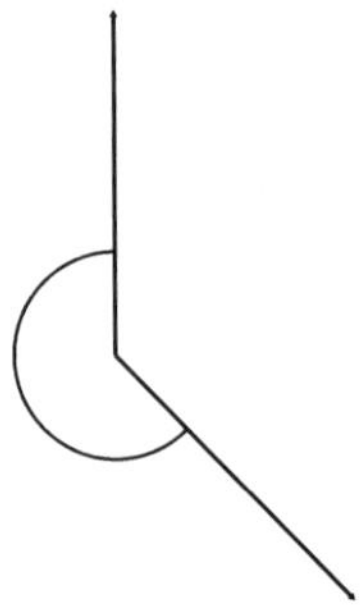

2)

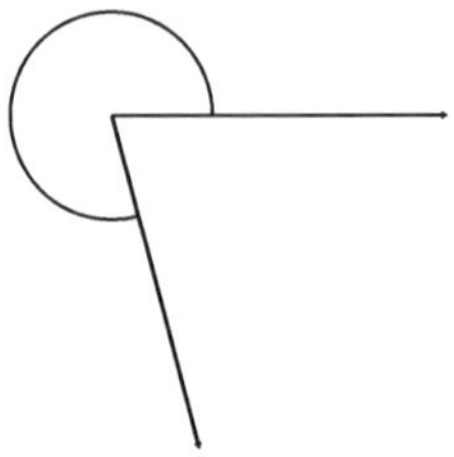

3)

4)

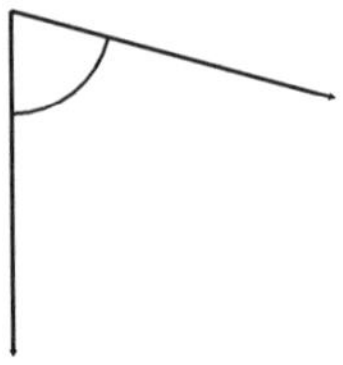

5)

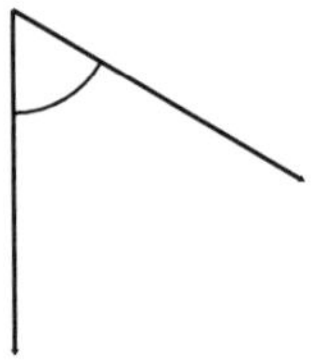

6)

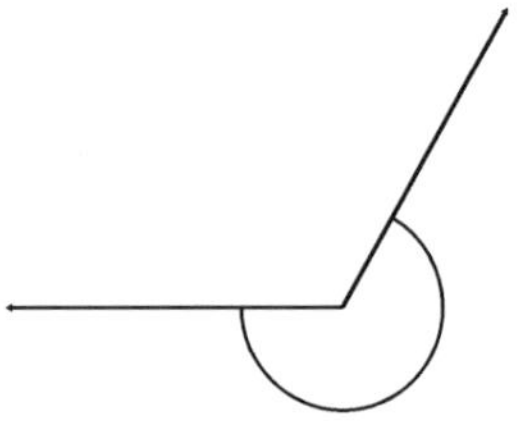

7)

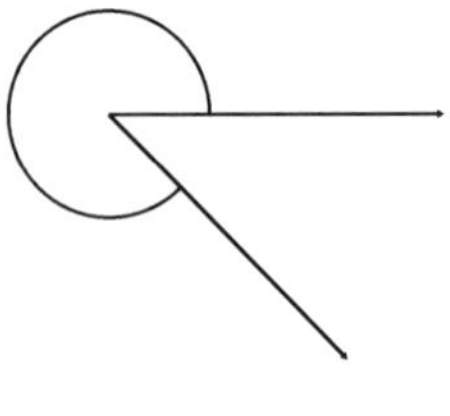

8)

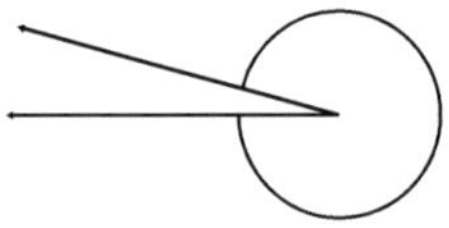

9)

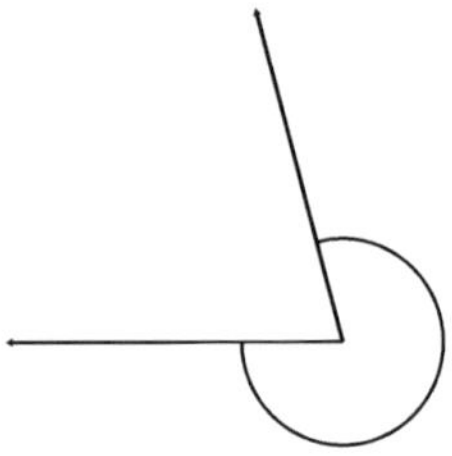

VV) Classify and measure the angles.

1)

____

2)

____

3)

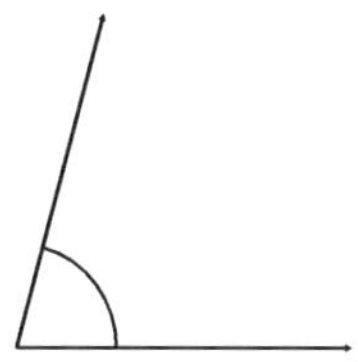

____

4)

____

5)

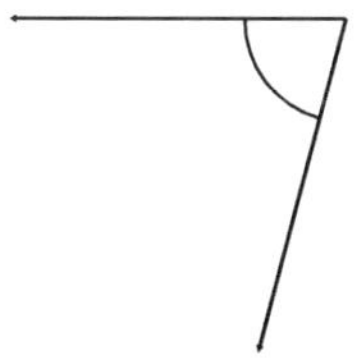

____

6)

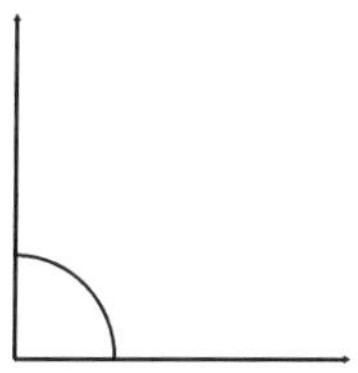

____

7)

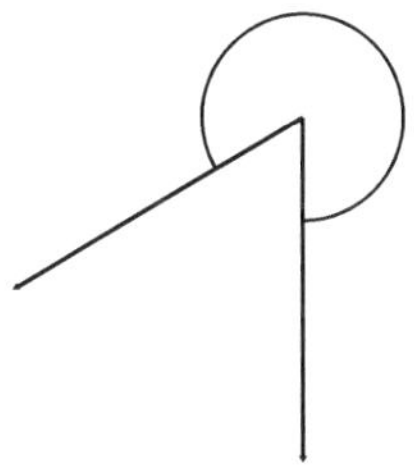

____

8)

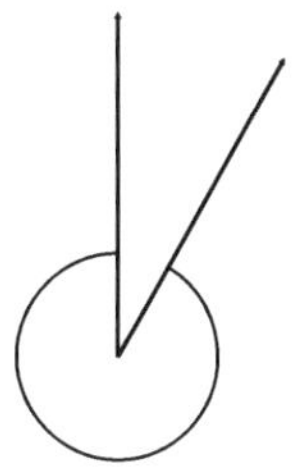

____

9)

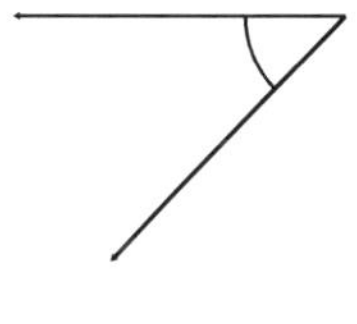

____

WW) Classify and measure the angles.

1)

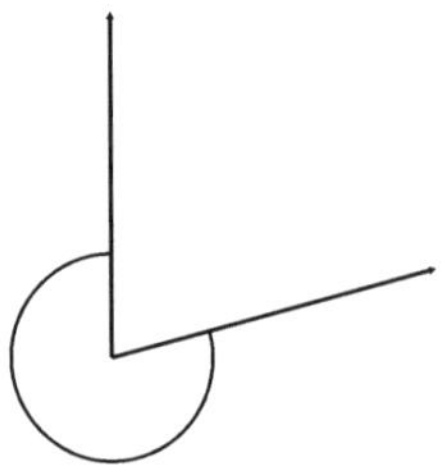

2)

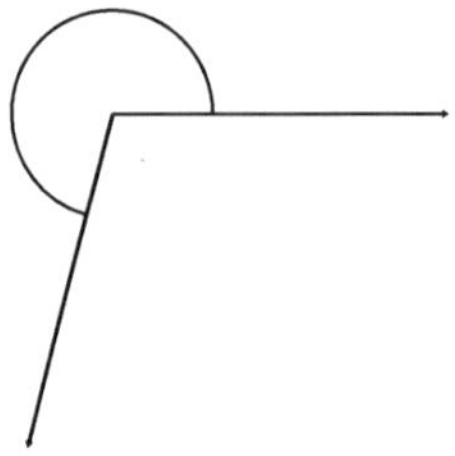

3)

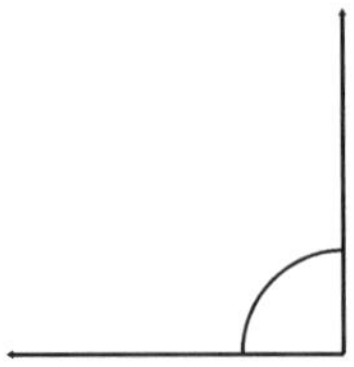

4)

5)

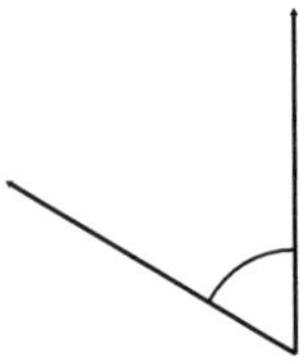

6)

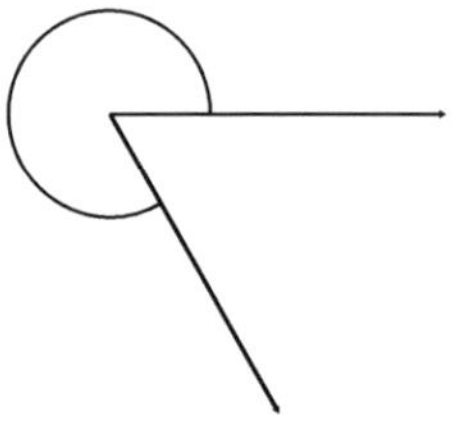

7)

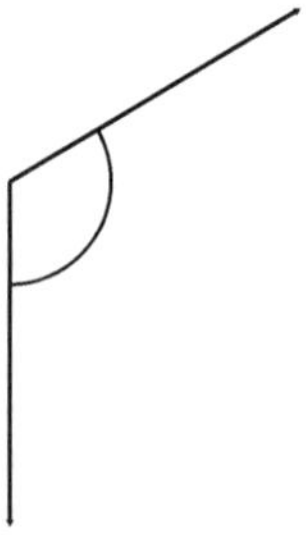

8)

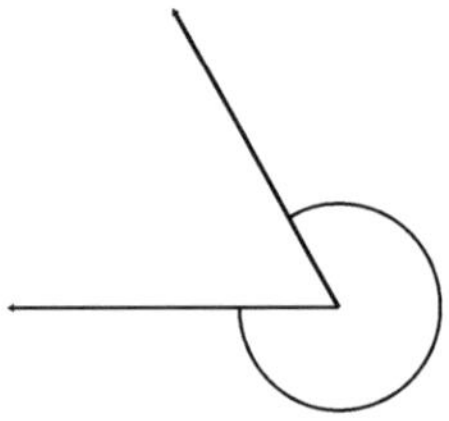

9)

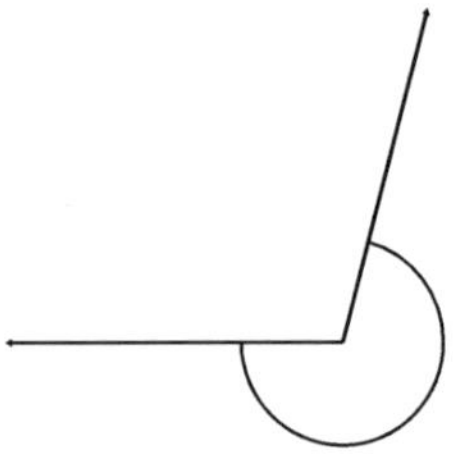

XX) Classify and measure the angles.

1)

2)

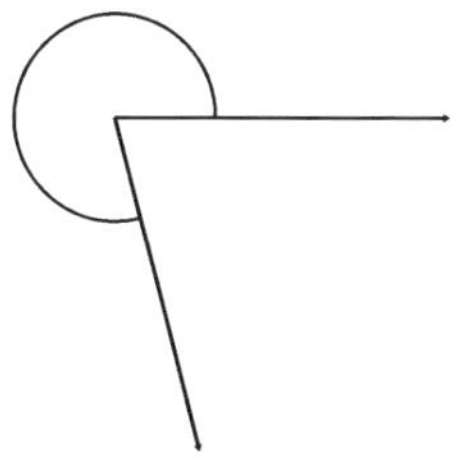

3)

4)

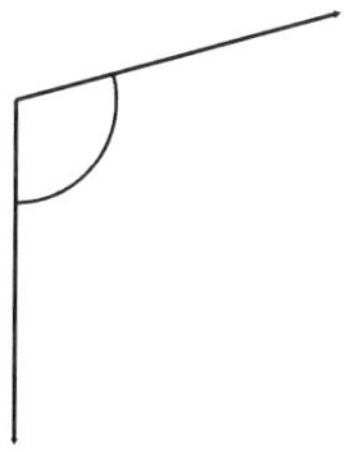

5)

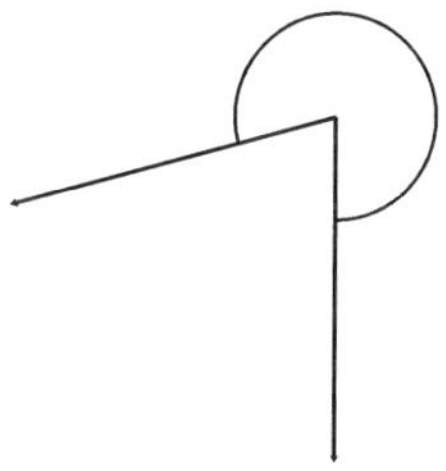

6)

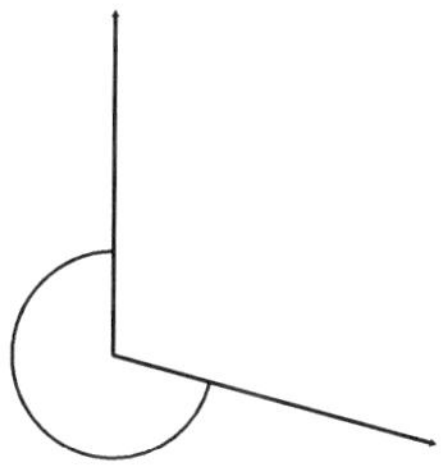

7)

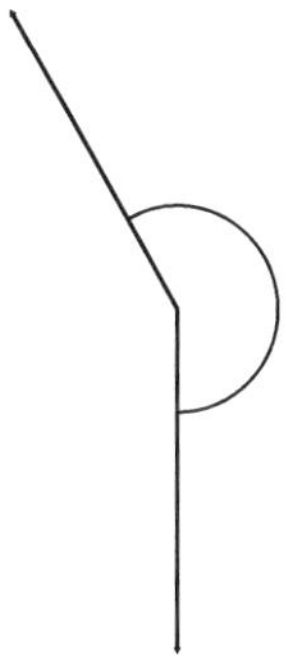

8)

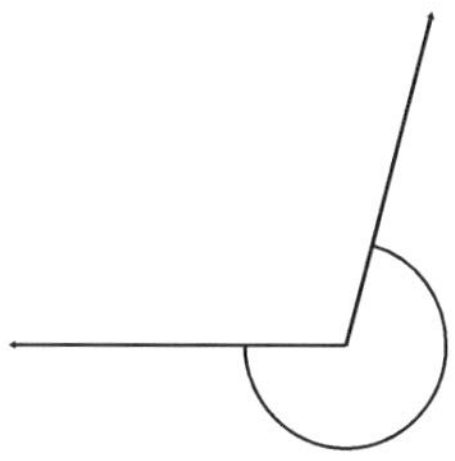

9)

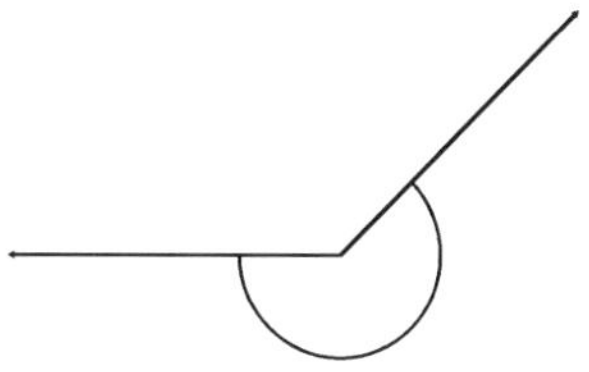

A) Classify and measure the angles.

1)

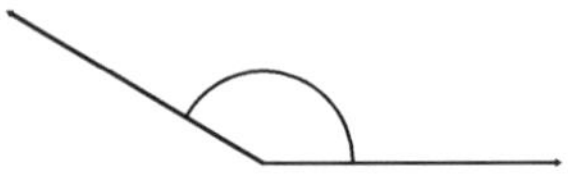

150° Obtuse

2)

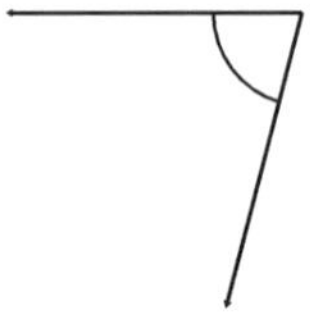

75° Acute

3)

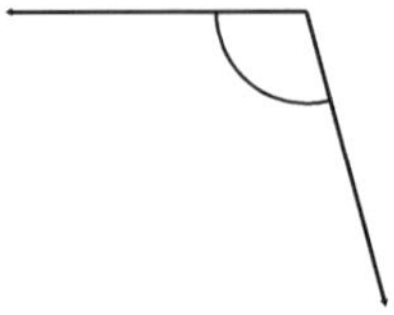

105° Obtuse

4)

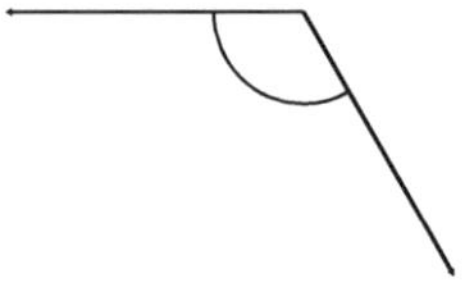

120° Obtuse

5)

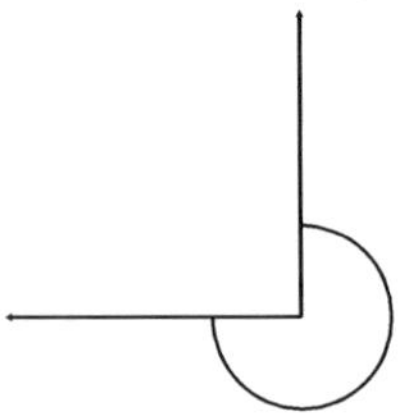

270° Reflex

6)

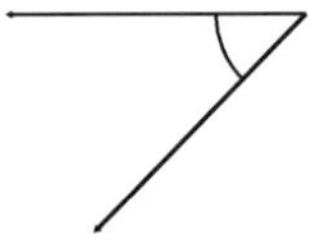

45° Acute

7)

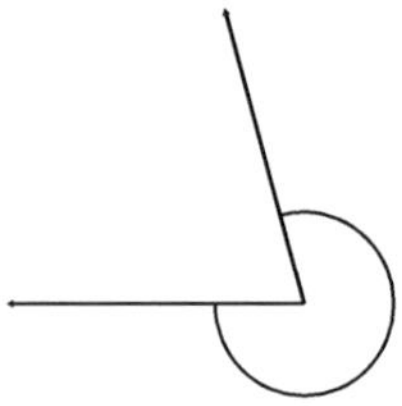

285° Reflex

8)

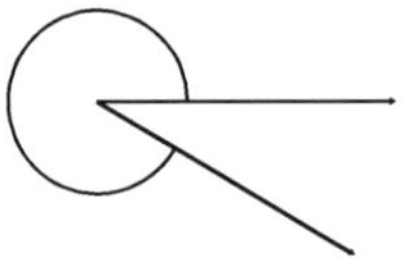

330° Reflex

9)

195° Reflex

10)

195° Reflex

B) Classify and measure the angles.

1)

315º Reflex

2)

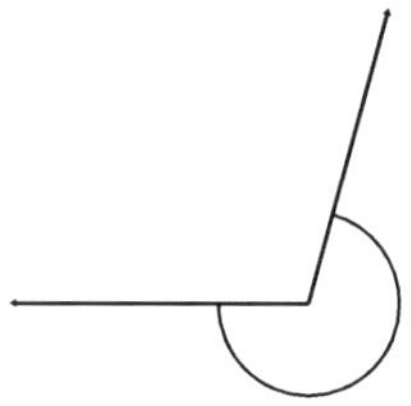

255º Reflex

3)

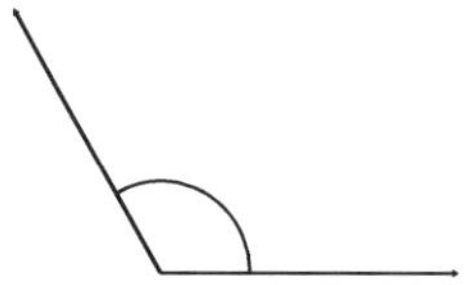

120º Obtuse

4)

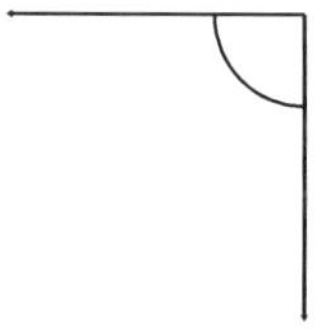

90º Right

5)

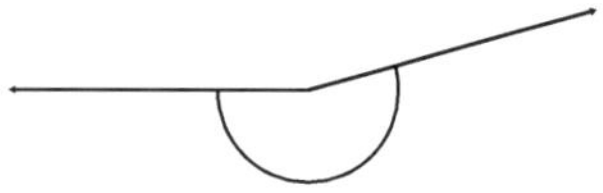

195º Reflex

6)

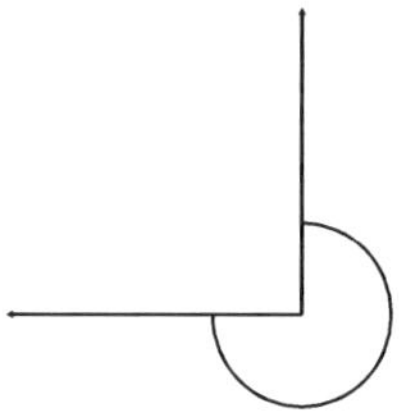

270º Reflex

7)

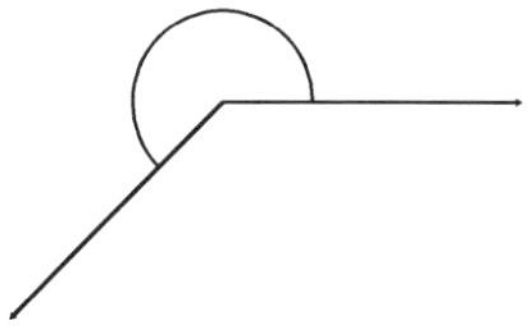

225º Reflex

8)

180º Straight

9)

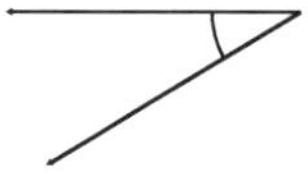

30º Acute

10)

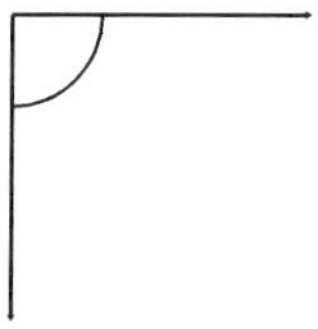

90º Right

C) Classify and measure the angles.

1)

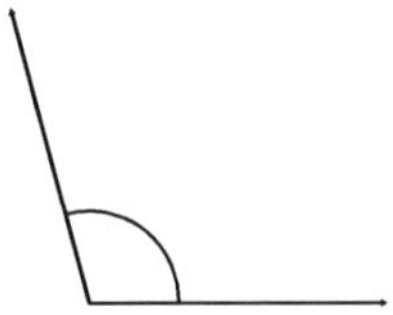

105° Obtuse

2)

180° Straight

3)

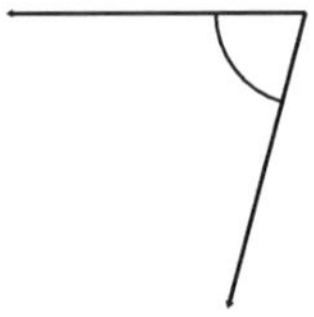

75° Acute

4)

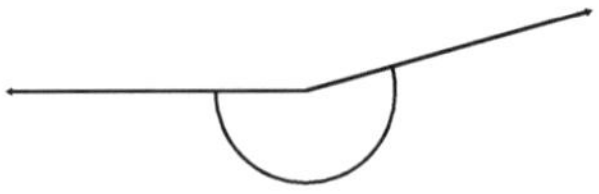

195° Reflex

5)

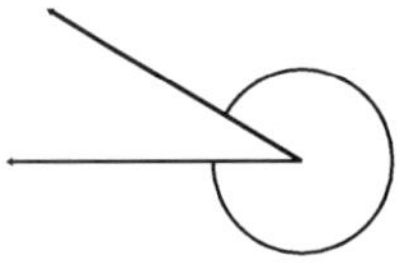

330° Reflex

6)

195° Reflex

7)

225° Reflex

8)

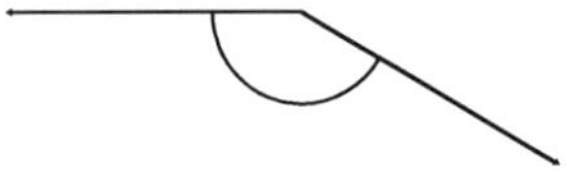

150° Obtuse

9)

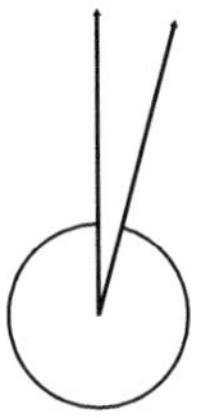

345° Reflex

10)

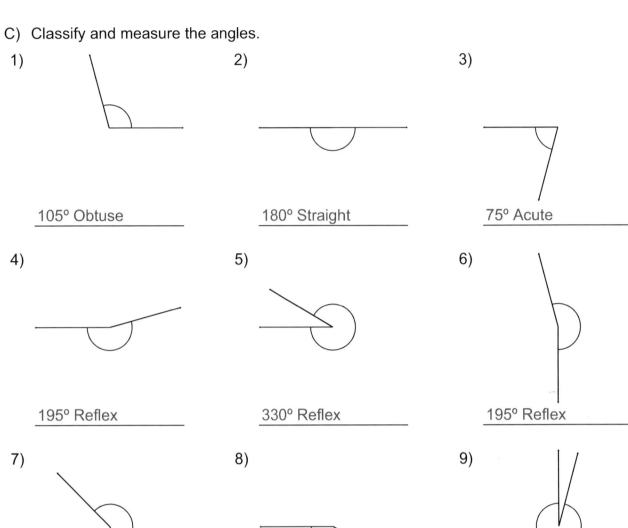

300° Reflex

D) Classify and measure the angles.

1)

180º Straight

2)

315º Reflex

3)

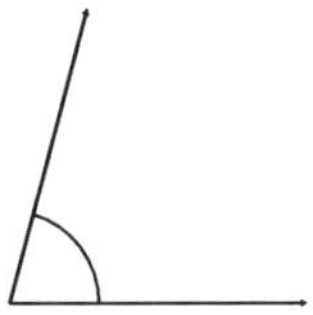

75º Acute

4)

195º Reflex

5)

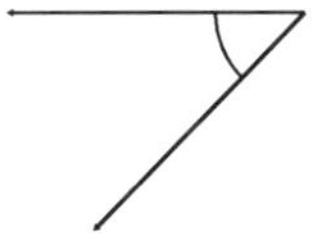

45º Acute

6)

15º Acute

7)

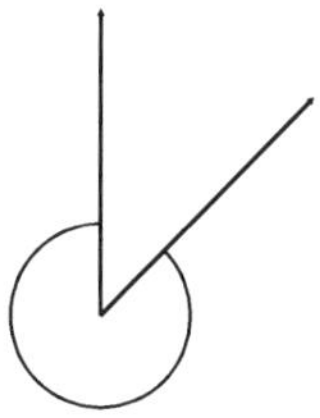

315º Reflex

8)

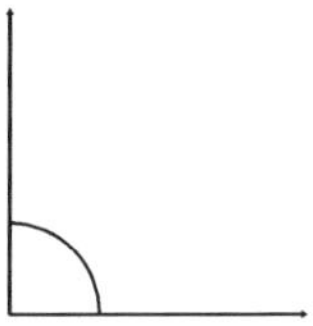

90º Right

9)

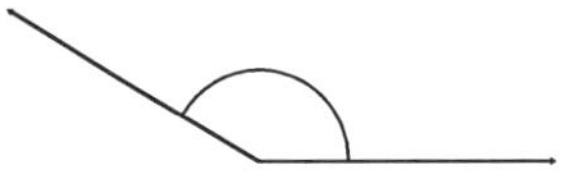

150º Obtuse

10)

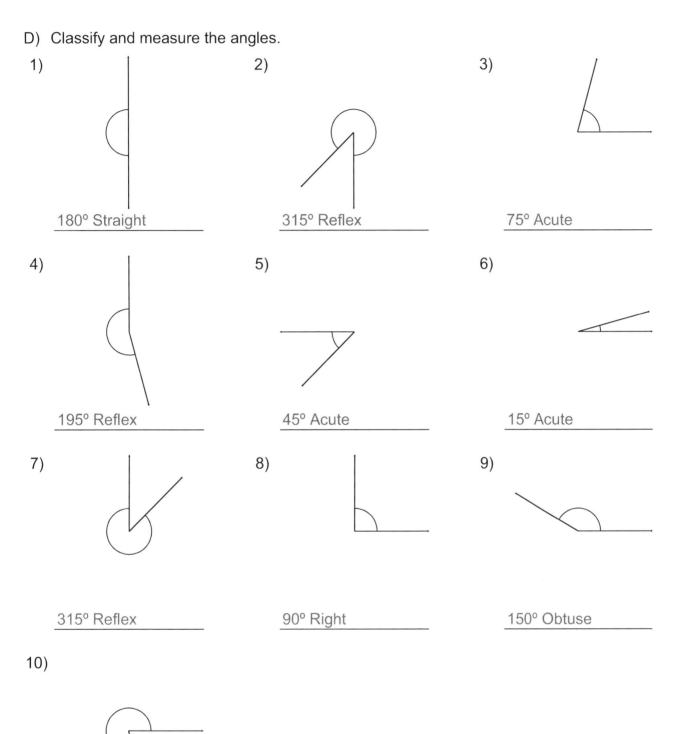

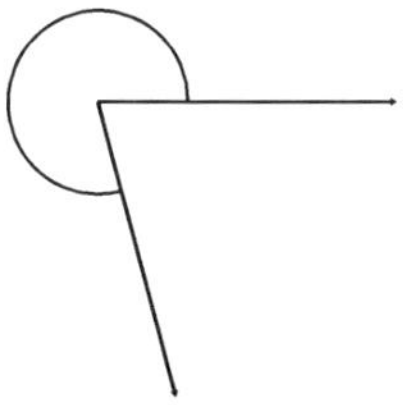

285º Reflex

E) Classify and measure the angles.

1)

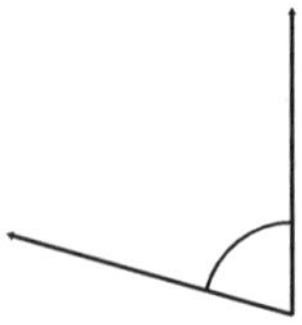

75º Acute

2)

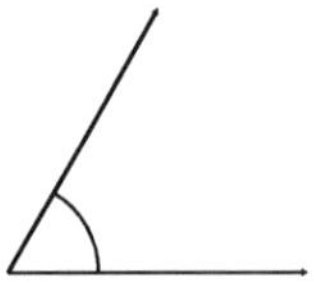

60º Acute

3)

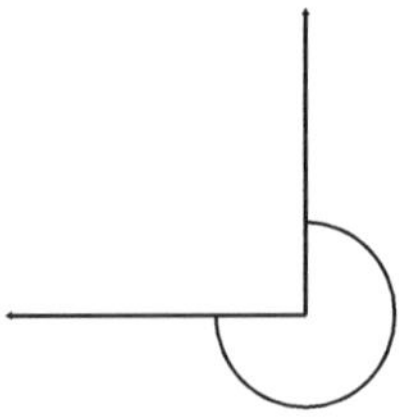

270º Reflex

4)

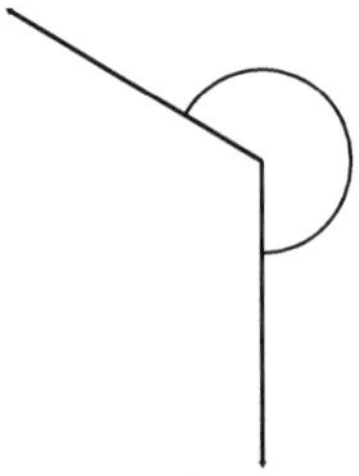

240º Reflex

5)

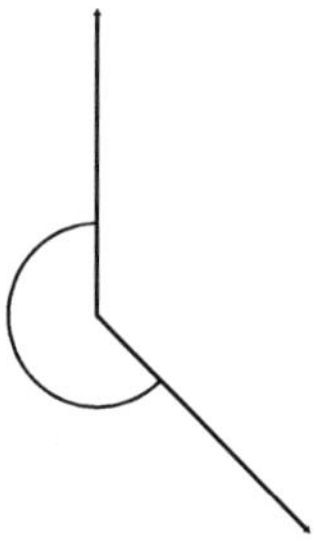

225º Reflex

6)

345º Reflex

7)

195º Reflex

8)

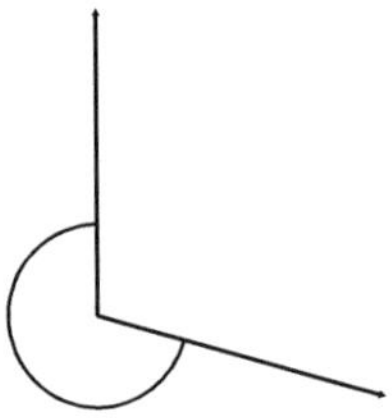

255º Reflex

9)

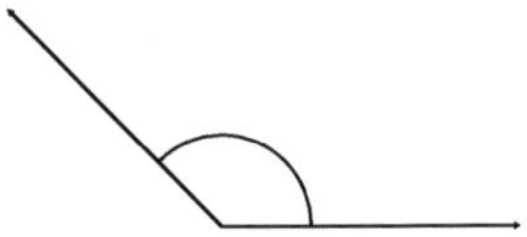

135º Obtuse

10)

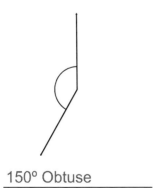

150º Obtuse

F) Classify and measure the angles.

1)

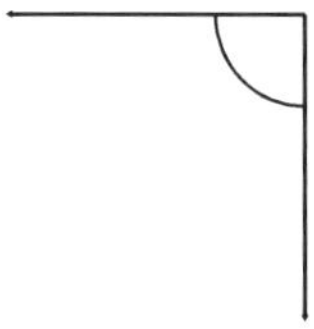

90° Right

2)

345° Reflex

3)

15° Acute

4)

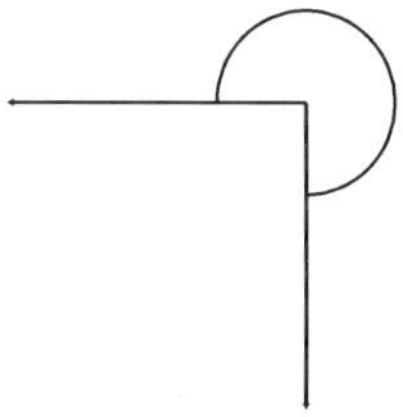

270° Reflex

5)

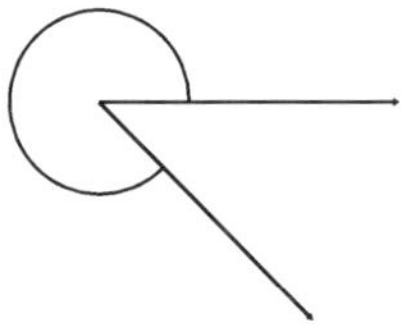

315° Reflex

6)

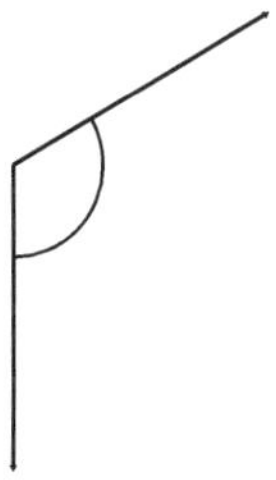

120° Obtuse

7)

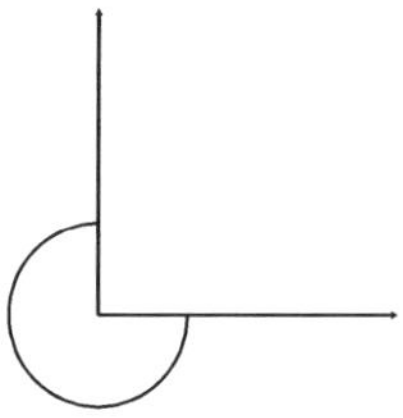

270° Reflex

8)

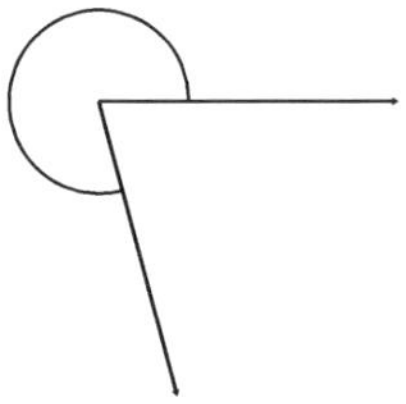

285° Reflex

9)

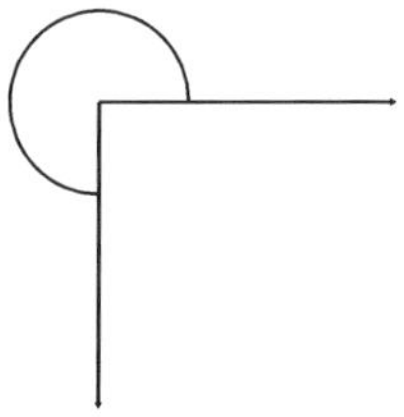

270° Reflex

10)

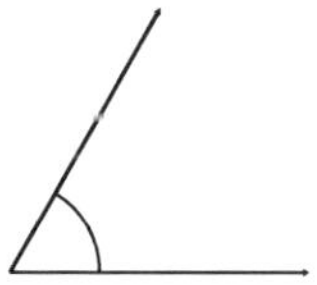

60° Acute

G) Classify and measure the angles.

1)

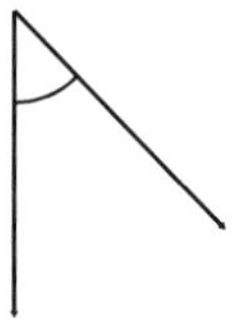

45° Acute

2)

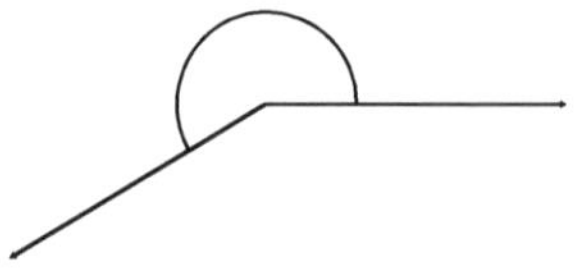

210° Reflex

3)

180° Straight

4)

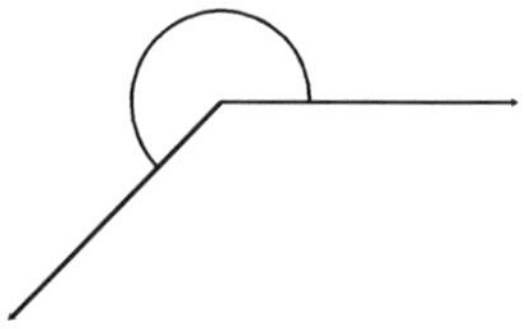

225° Reflex

5)

15° Acute

6)

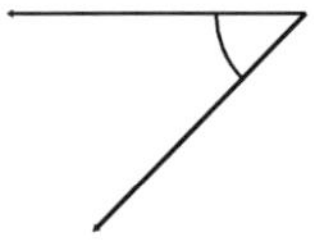

45° Acute

7)

150° Obtuse

8)

180° Straight

9)

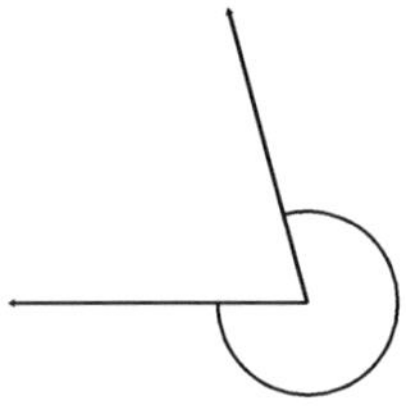

285° Reflex

10)

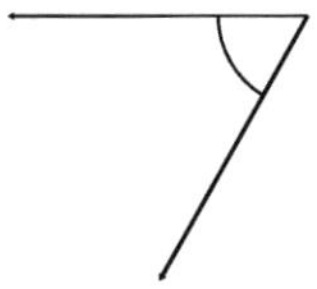

60° Acute

H) Classify and measure the angles.

1)

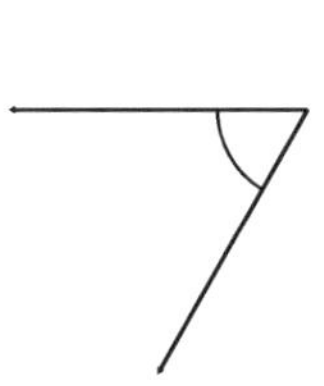

60° Acute

2)

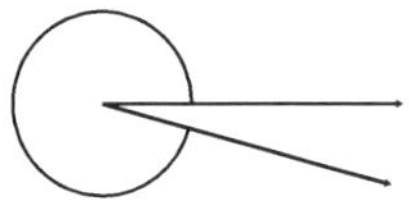

345° Reflex

3)

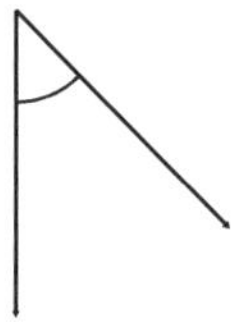

45° Acute

4)

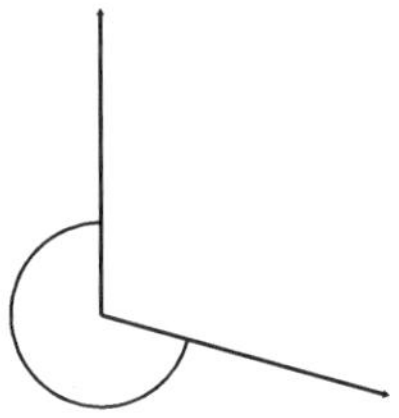

255° Reflex

5)

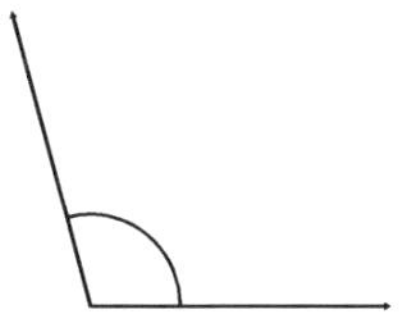

105° Obtuse

6)

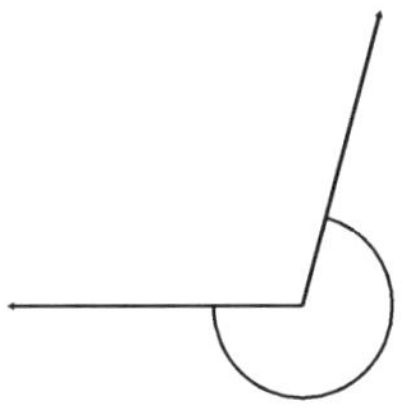

255° Reflex

7)

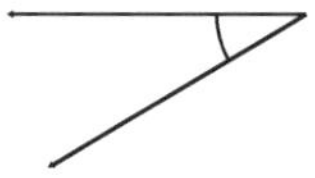

30° Acute

8)

285° Reflex

9)

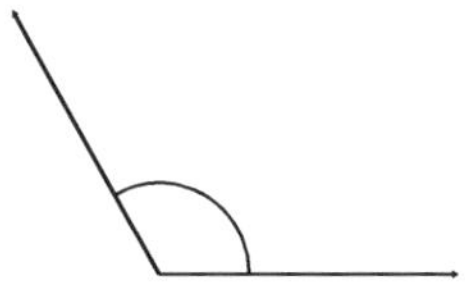

120° Obtuse

10)

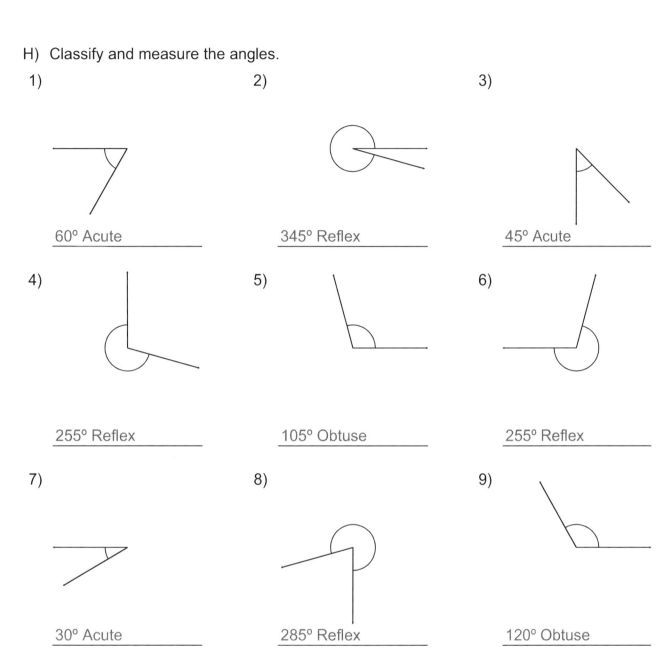

150° Obtuse

I) Classify and measure the angles.

1)

30° Acute

2)

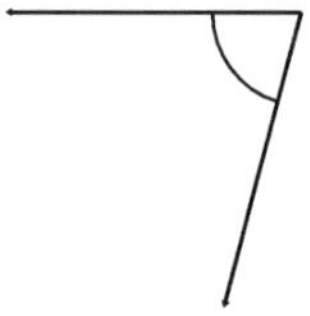

75° Acute

3)

15° Acute

4)

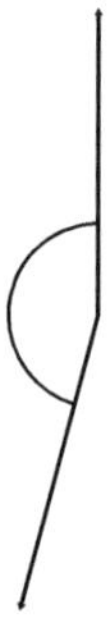

165° Obtuse

5)

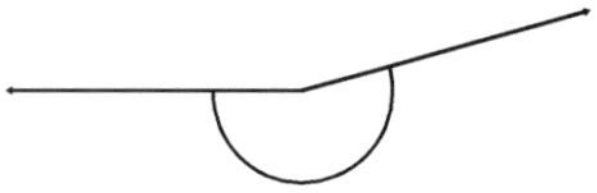

195° Reflex

6)

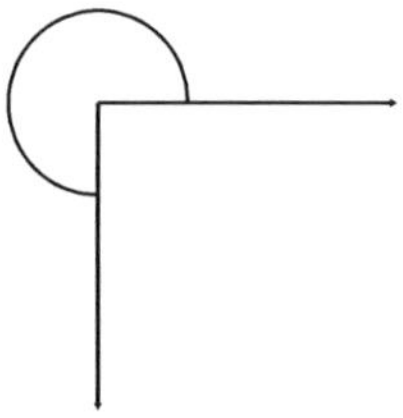

270° Reflex

7)

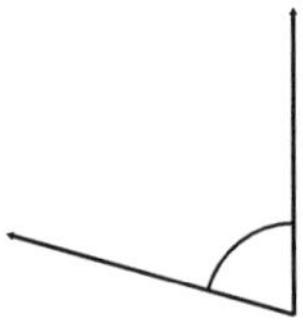

75° Acute

8)

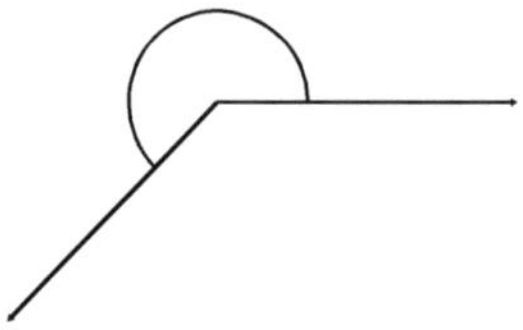

225° Reflex

9)

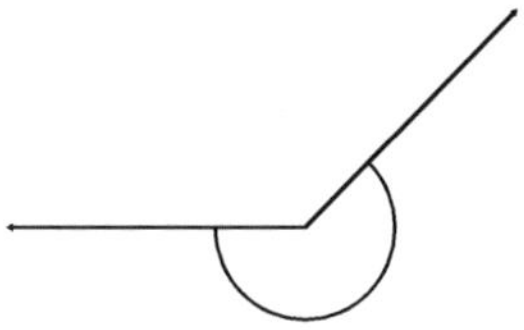

225° Reflex

10)

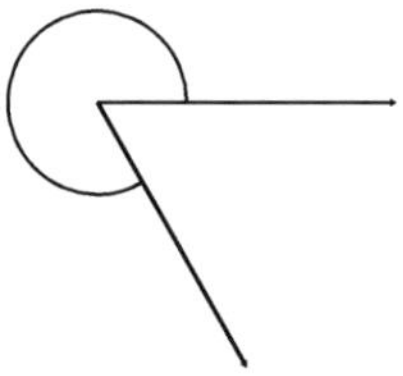

300° Reflex

J) Classify and measure the angles.

1)

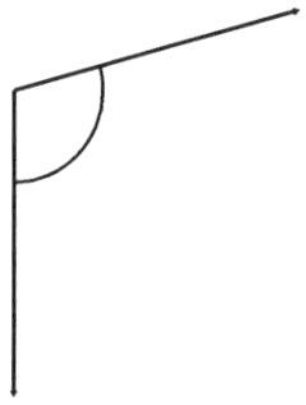

105º Obtuse

2)

330º Reflex

3)

210º Reflex

4)

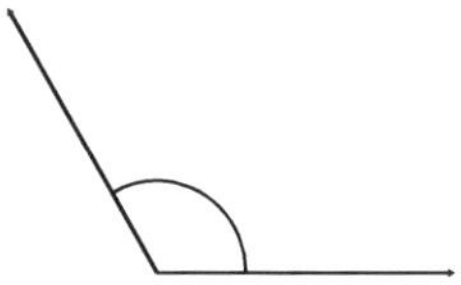

120º Obtuse

5)

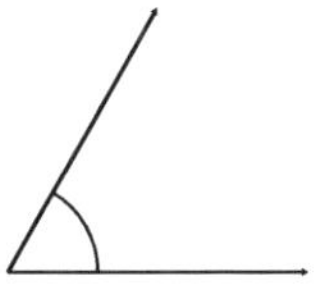

60º Acute

6)

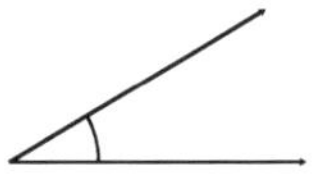

30º Acute

7)

45º Acute

8)

15º Acute

9)

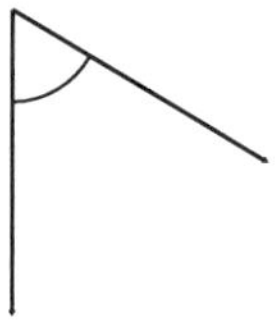

60º Acute

10)

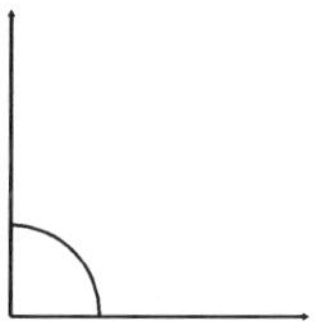

90º Right

K) Classify and measure the angles.

1)

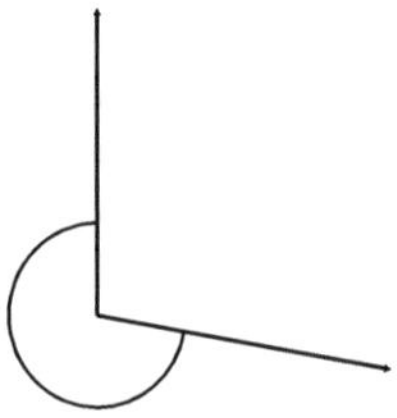

260º Reflex

2)

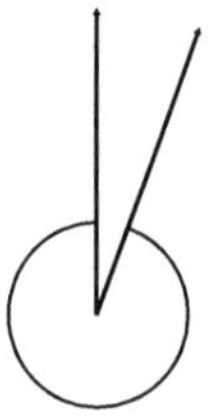

340º Reflex

3)

40º Acute

4)

310º Reflex

5)

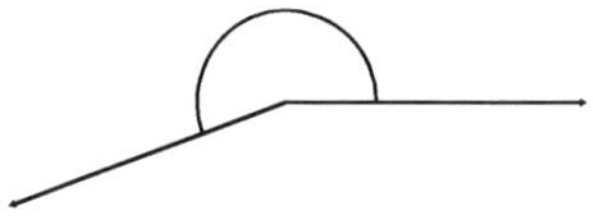

200º Reflex

6)

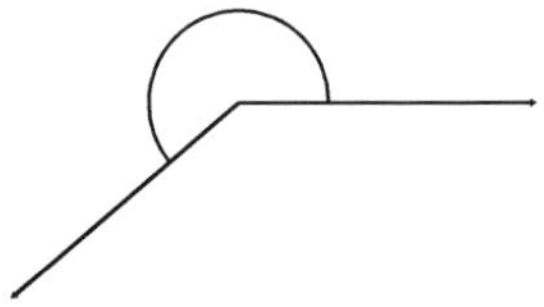

220º Reflex

7)

300º Reflex

8)

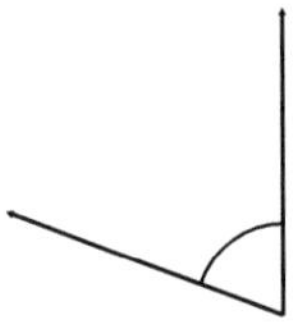

70º Acute

9)

160º Obtuse

10)

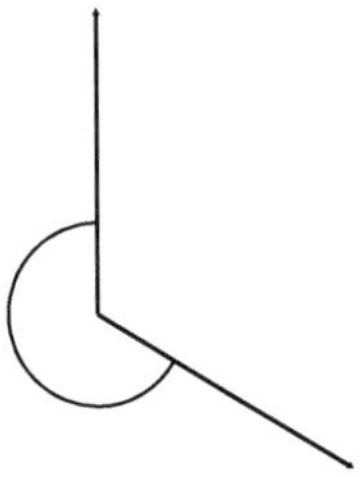

240º Reflex

L) Classify and measure the angles.

1)

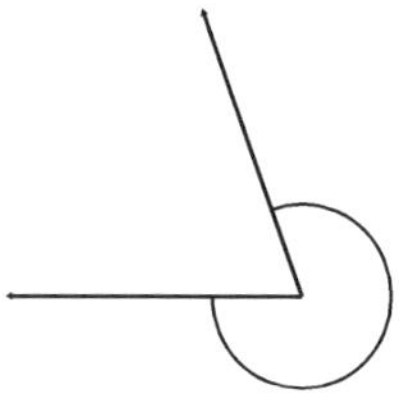

290º Reflex

2)

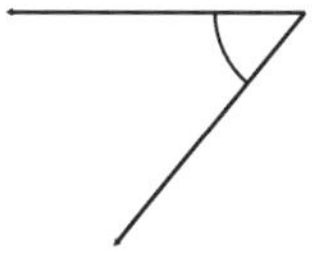

50º Acute

3)

180º Straight

4)

140º Obtuse

5)

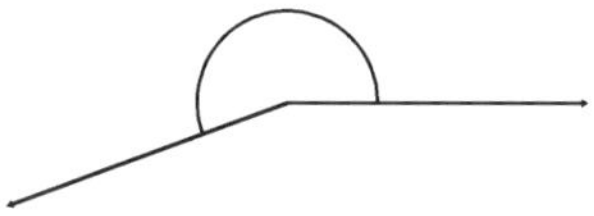

200º Reflex

6)

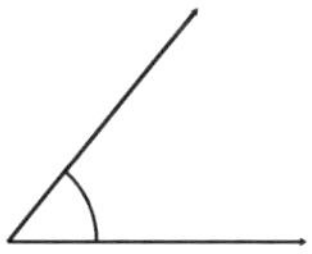

50º Acute

7)

200º Reflex

8)

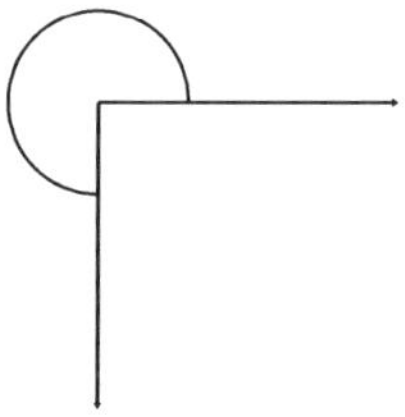

270º Reflex

9)

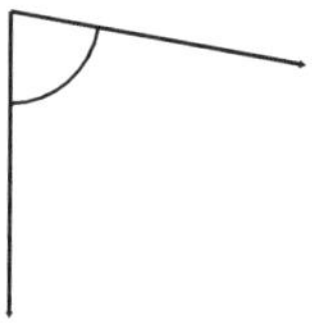

80º Acute

10)

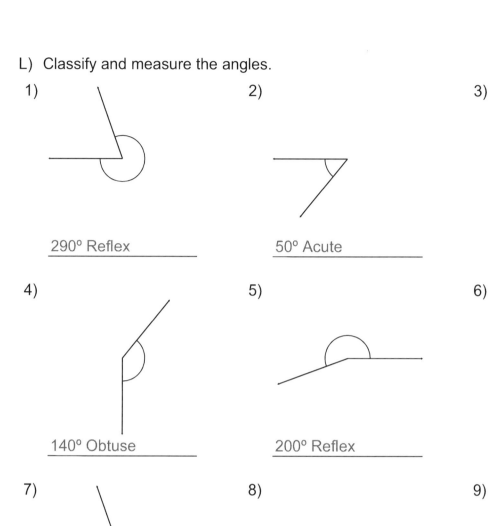

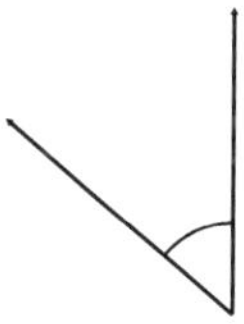

50º Acute

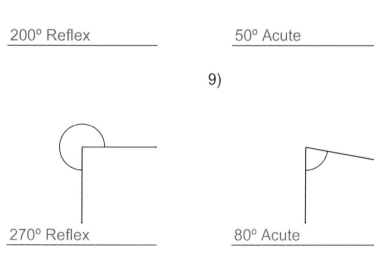

M) Classify and measure the angles.

1)

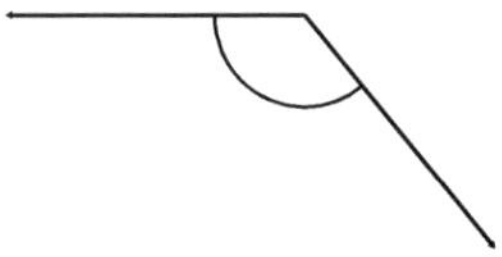

130° Obtuse

2)

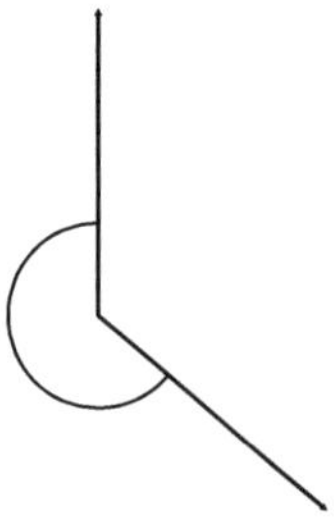

230° Reflex

3)

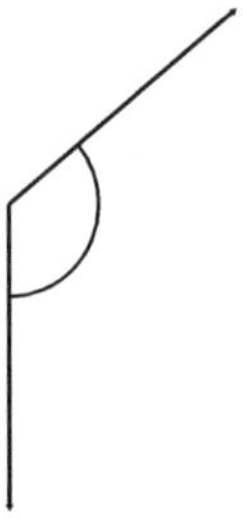

130° Obtuse

4)

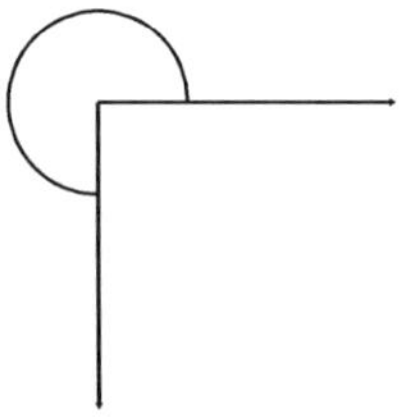

270° Reflex

5)

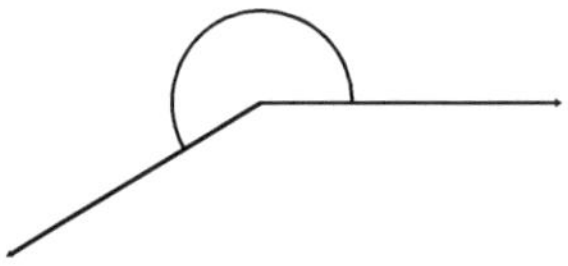

210° Reflex

6)

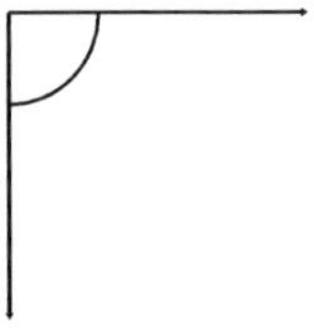

90° Right

7)

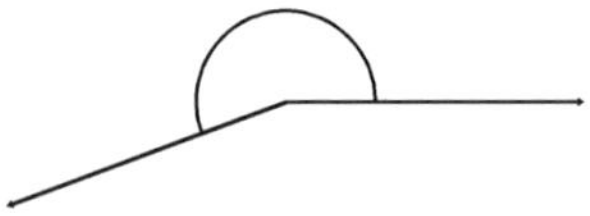

200° Reflex

8)

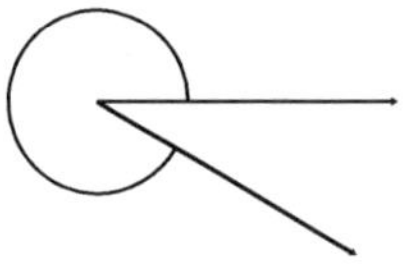

330° Reflex

9)

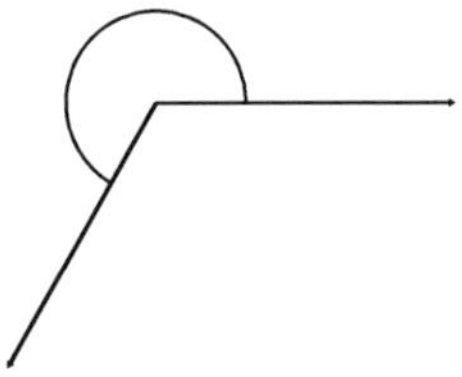

240° Reflex

10)

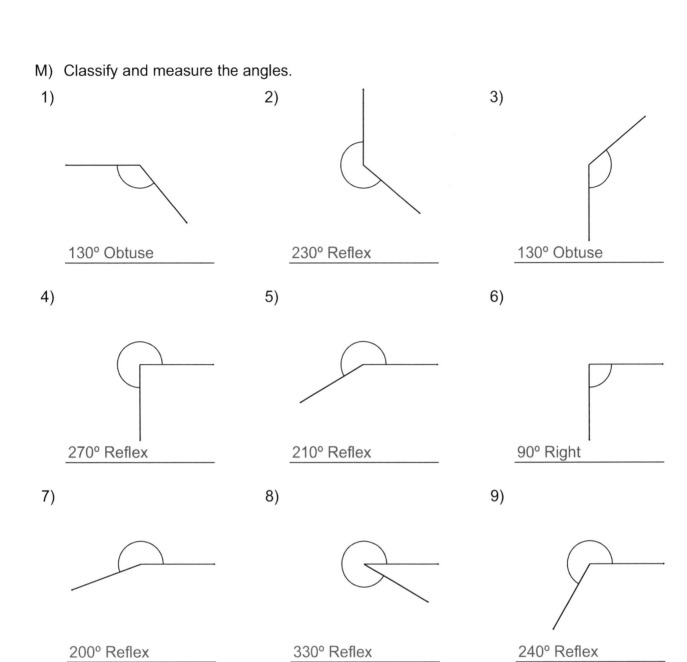

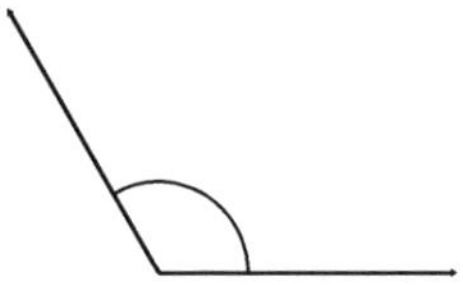

120° Obtuse

N) Classify and measure the angles.

1)

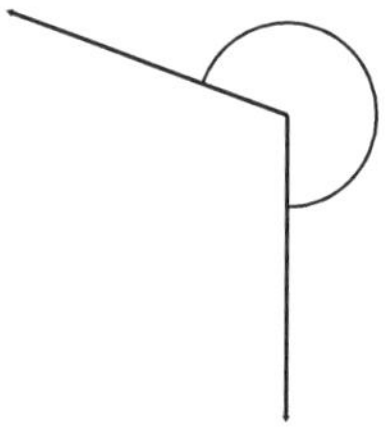

250° Reflex

2)

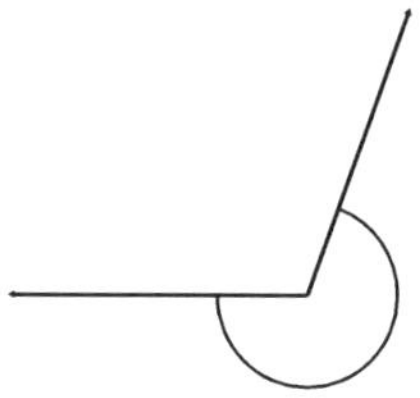

250° Reflex

3)

140° Obtuse

4)

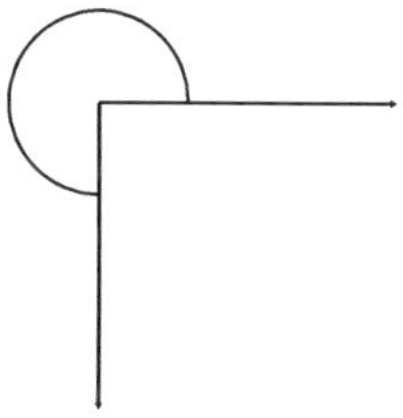

270° Reflex

5)

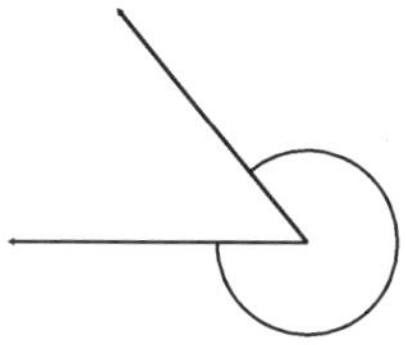

310° Reflex

6)

170° Obtuse

7)

150° Obtuse

8)

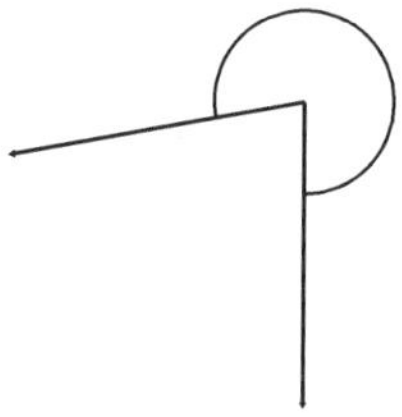

280° Reflex

9)

180° Straight

10)

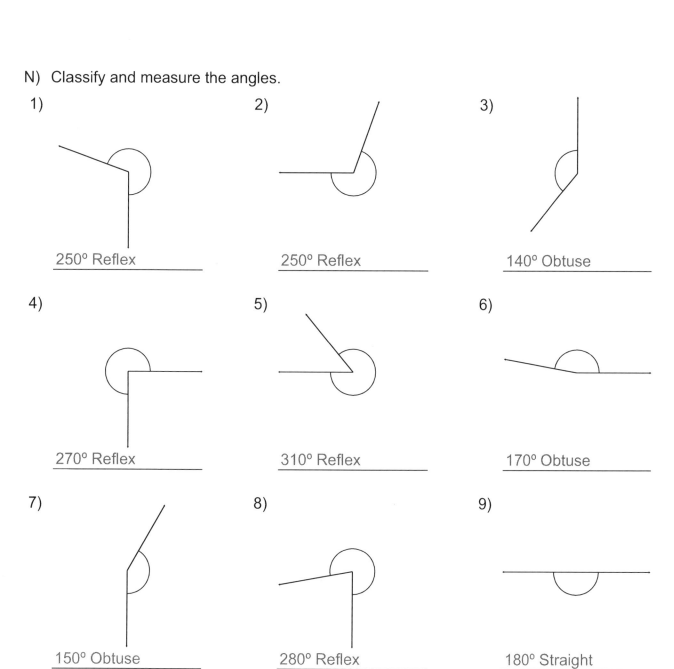

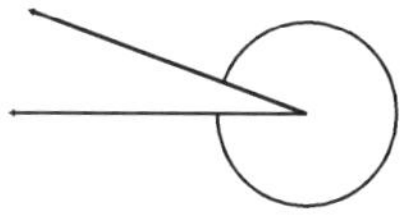

340° Reflex

O) Classify and measure the angles.

1)

340° Reflex

2)

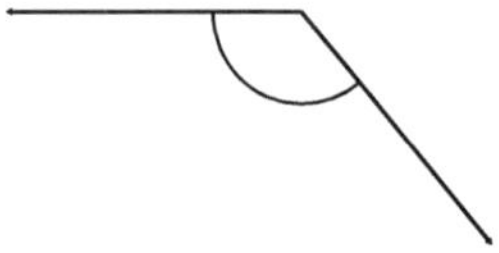

130° Obtuse

3)

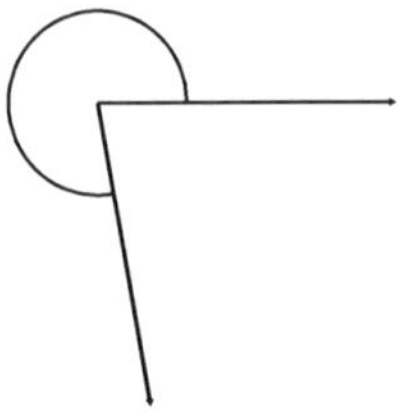

280° Reflex

4)

190° Reflex

5)

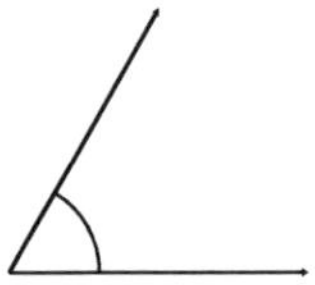

60° Acute

6)

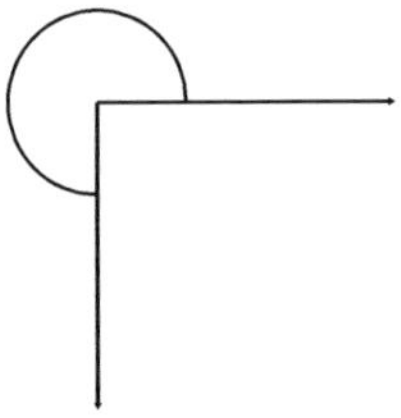

270° Reflex

7)

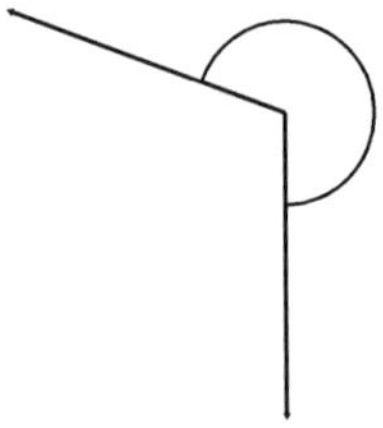

250° Reflex

8)

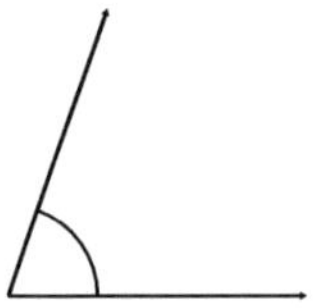

70° Acute

9)

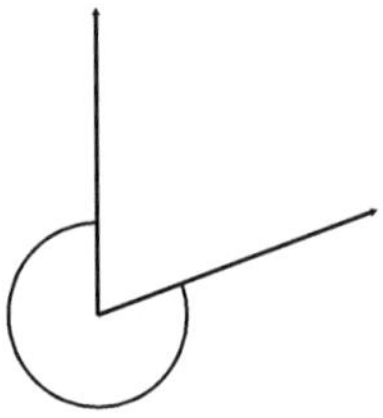

290° Reflex

10)

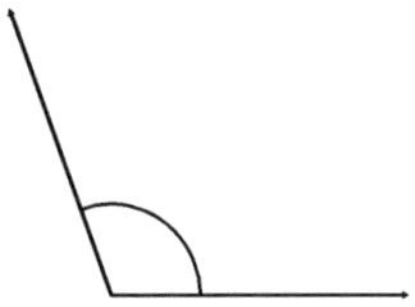

110° Obtuse

P) Classify and measure the angles.

1)

10º Acute

2)

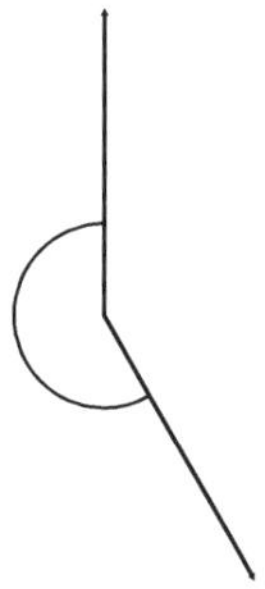

210º Reflex

3)

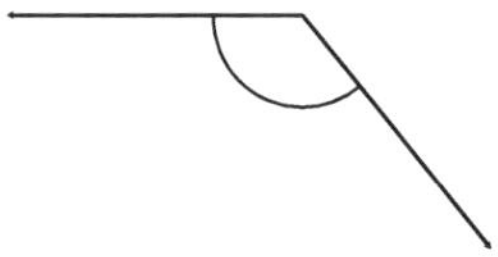

130º Obtuse

4)

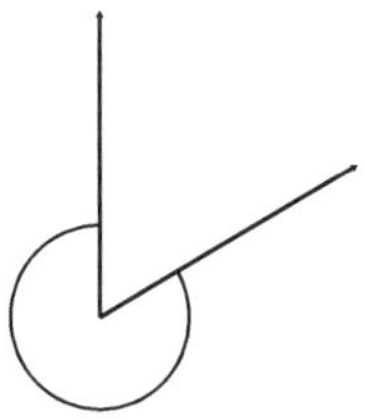

300º Reflex

5)

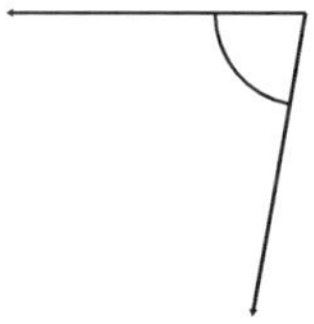

80º Acute

6)

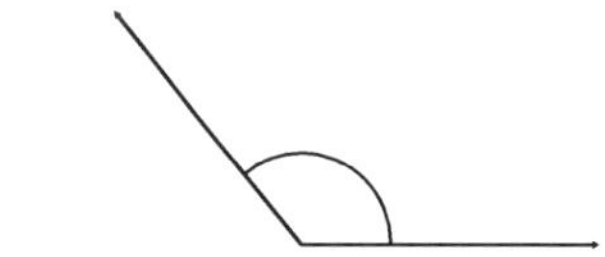

130º Obtuse

7)

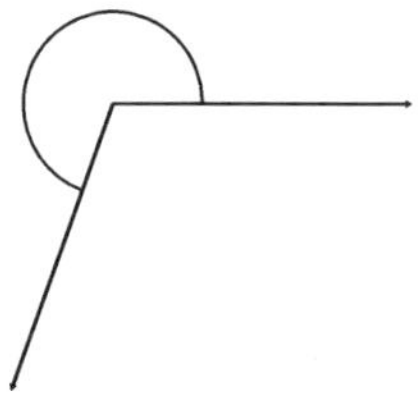

250º Reflex

8)

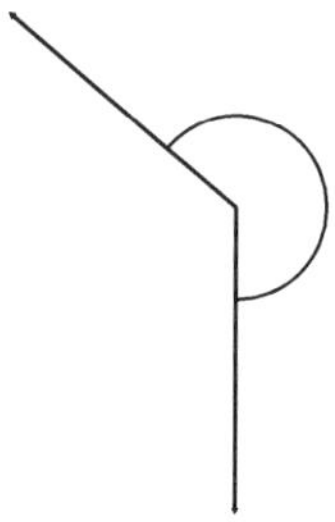

230º Reflex

9)

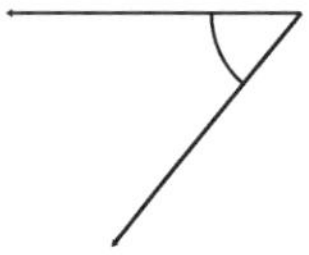

50º Acute

10)

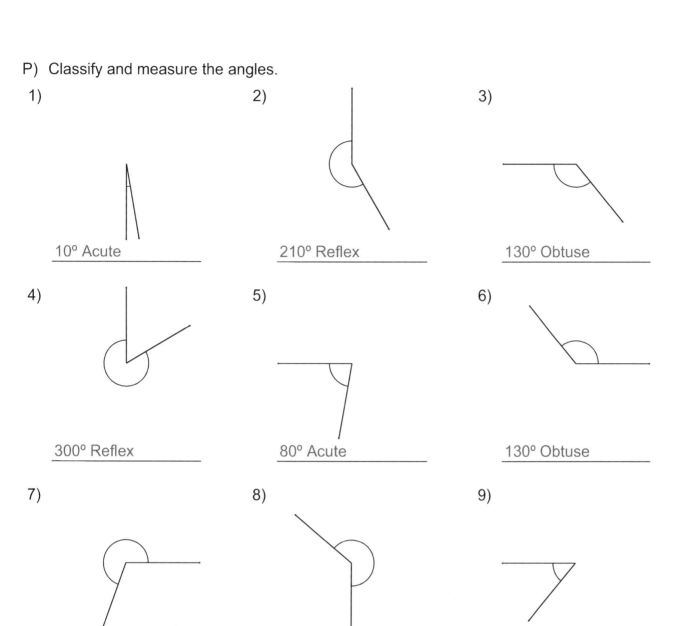

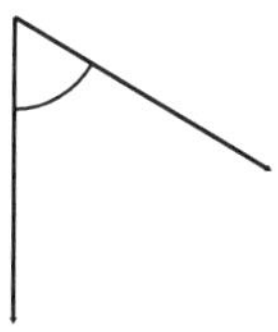

60º Acute

Q) Classify and measure the angles.

1)

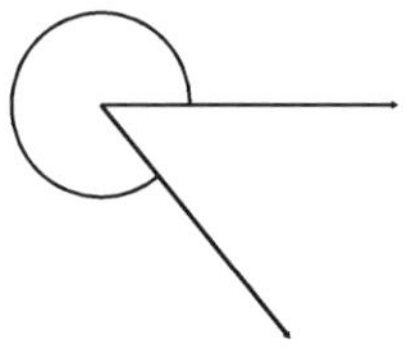

310° Reflex

2)

190° Reflex

3)

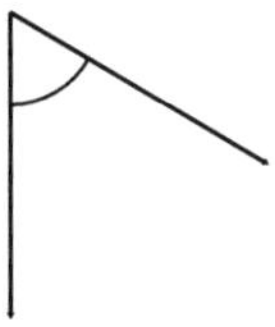

60° Acute

4)

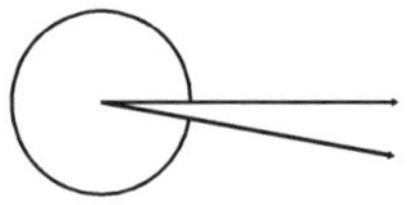

350° Reflex

5)

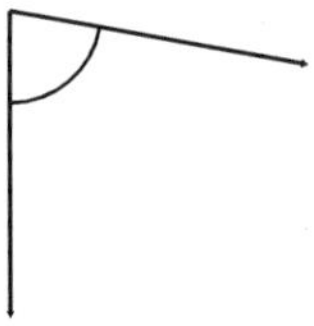

80° Acute

6)

20° Acute

7)

130° Obtuse

8)

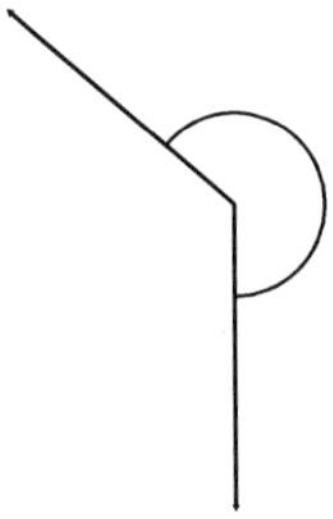

230° Reflex

9)

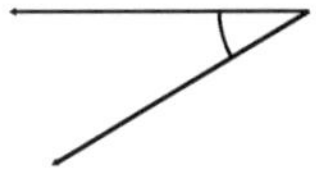

30° Acute

10)

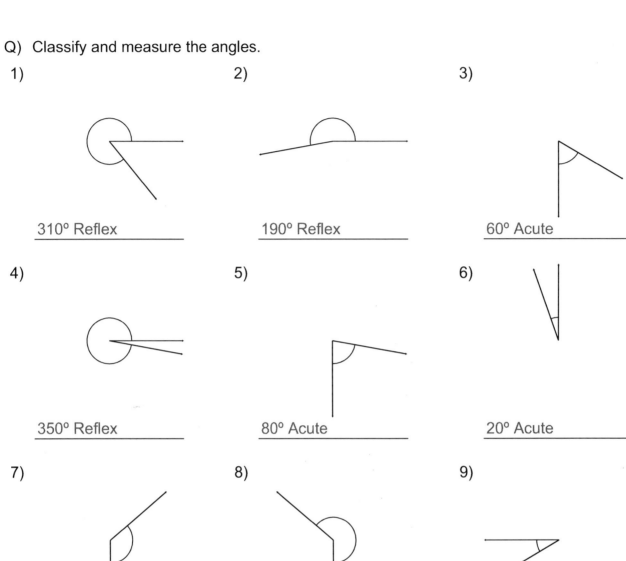

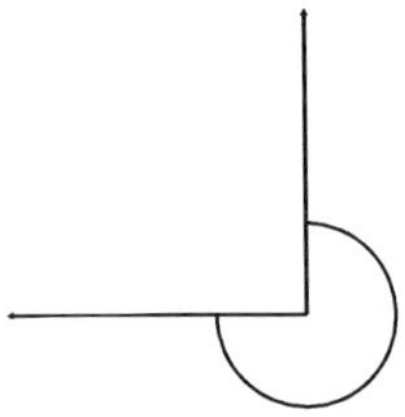

270° Reflex

R) Classify and measure the angles.

1) 

30º Acute

2) 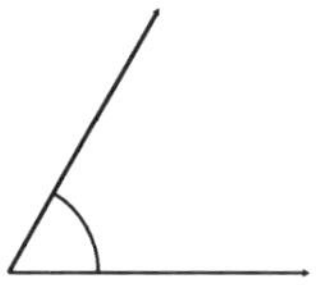

60º Acute

3) 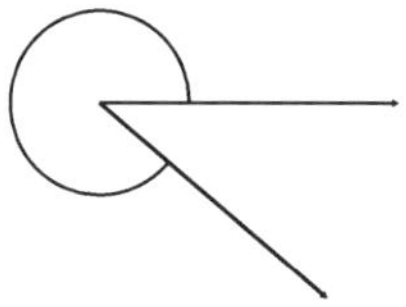

320º Reflex

4) 

10º Acute

5) 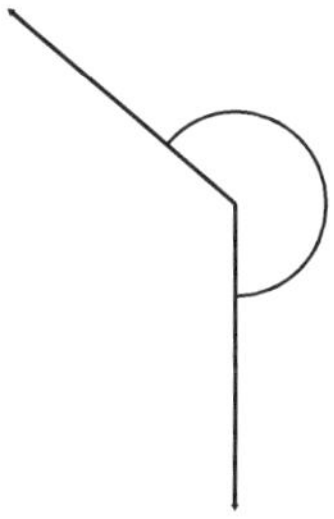

230º Reflex

6) 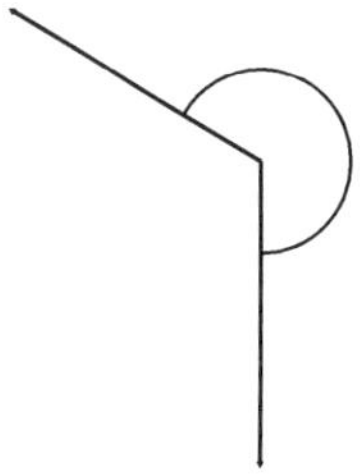

240º Reflex

7) 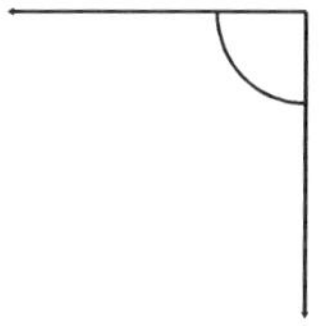

90º Right

8) 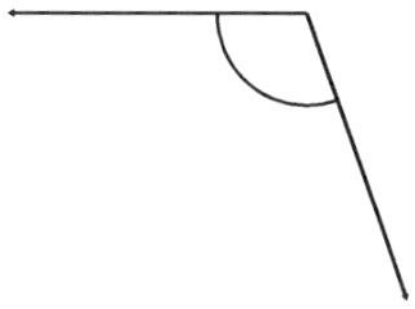

110º Obtuse

9) 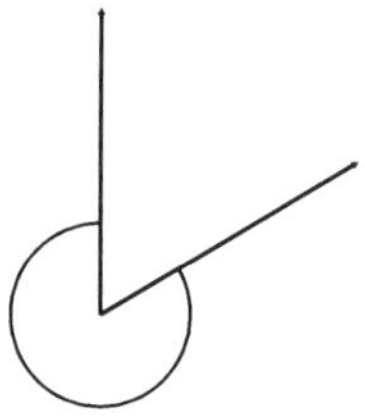

300º Reflex

10) 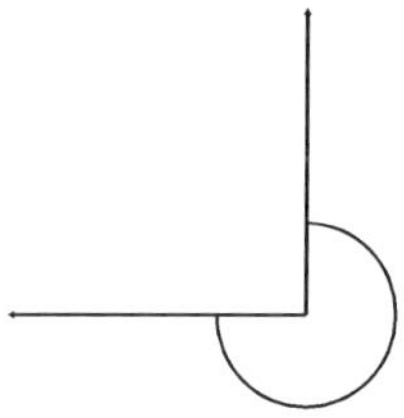

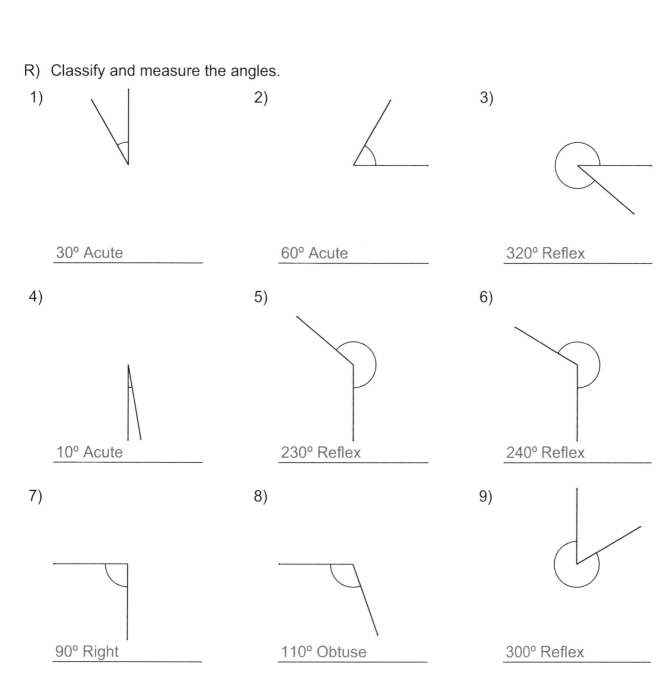

270º Reflex

S) Classify and measure the angles.

1)

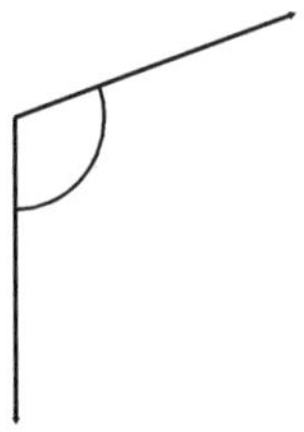

110º Obtuse

2)

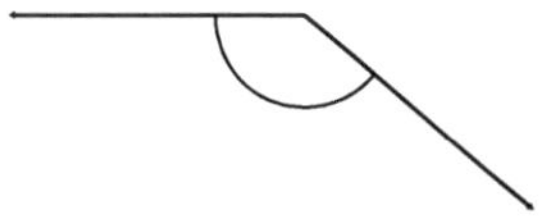

140º Obtuse

3)

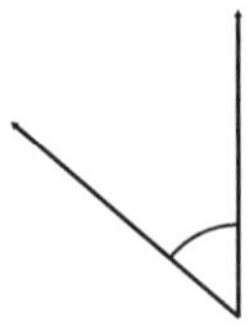

50º Acute

4)

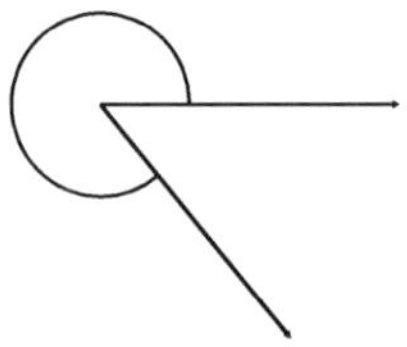

310º Reflex

5)

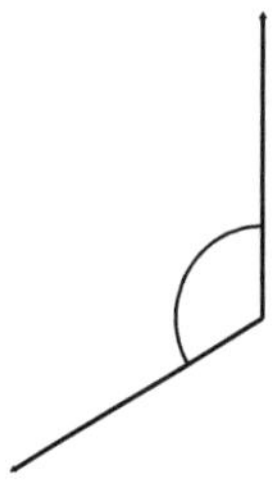

120º Obtuse

6)

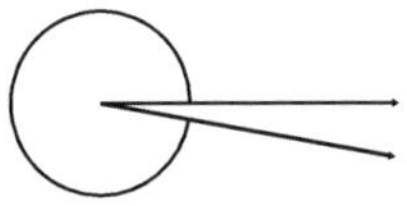

350º Reflex

7)

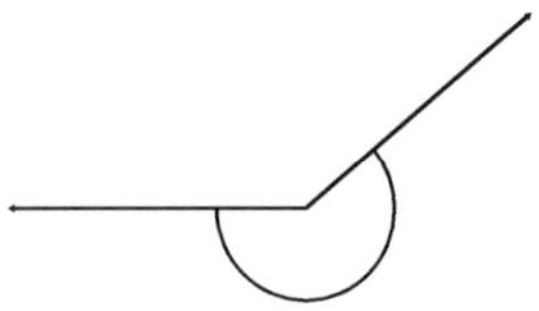

220º Reflex

8)

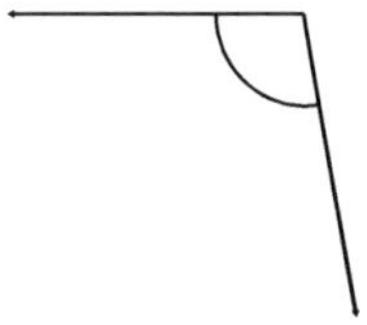

100º Obtuse

9)

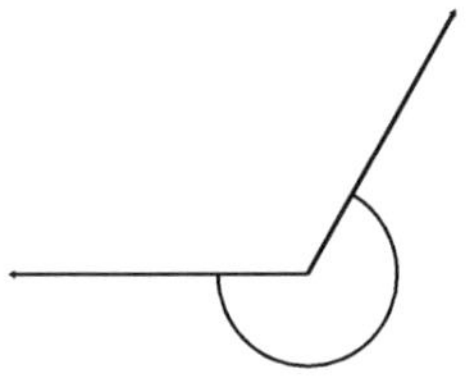

240º Reflex

10)

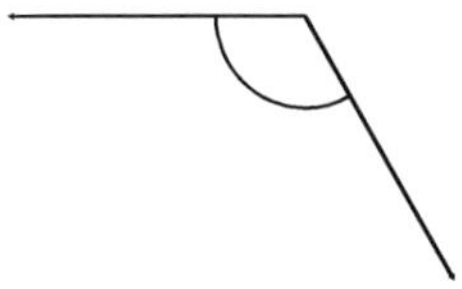

120º Obtuse

T) Classify and measure the angles.

1)

300° Reflex

2)

20° Acute

3)

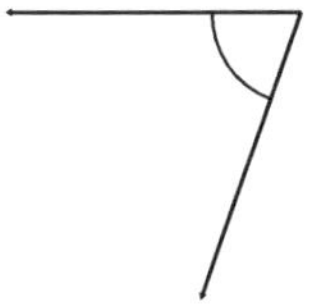

70° Acute

4)

160° Obtuse

5)

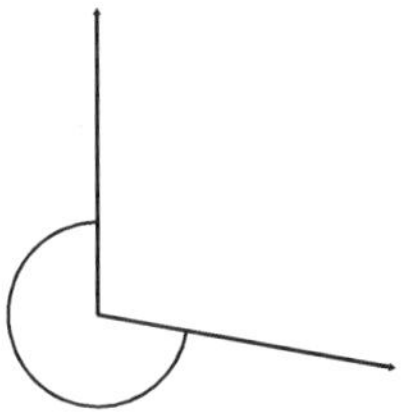

260° Reflex

6)

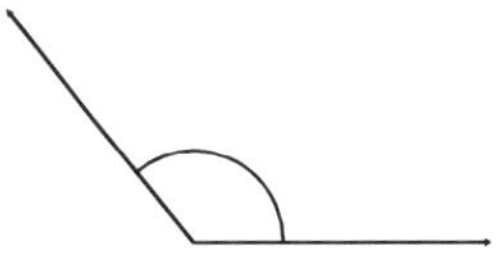

130° Obtuse

7)

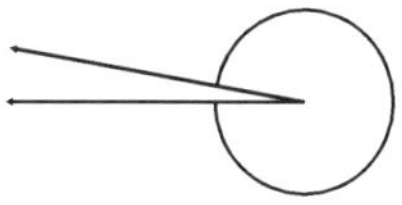

350° Reflex

8)

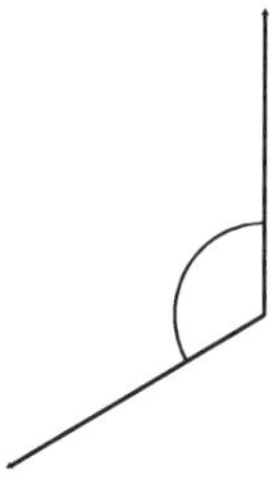

120° Obtuse

9)

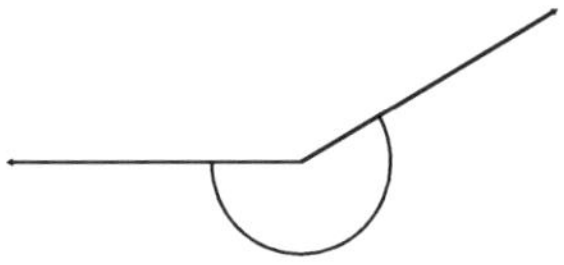

210° Reflex

10)

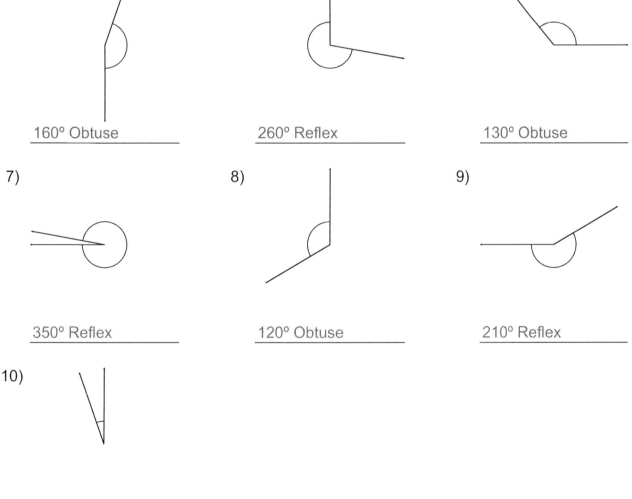

20° Acute

U) Classify and measure the angles.

1) 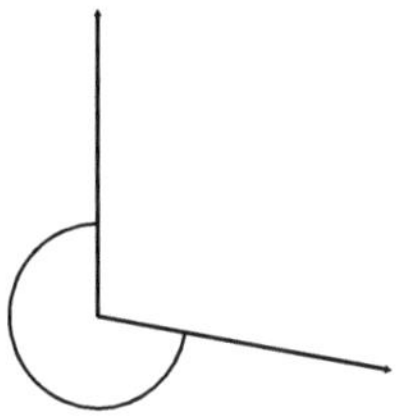

260º Reflex

2) 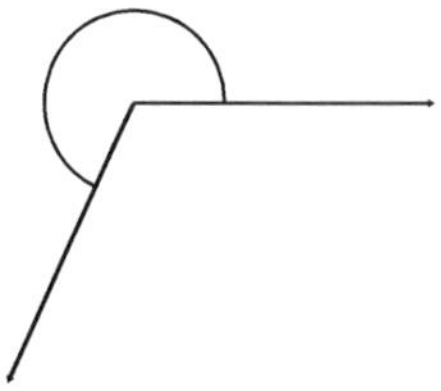

245º Reflex

3) 

320º Reflex

4) 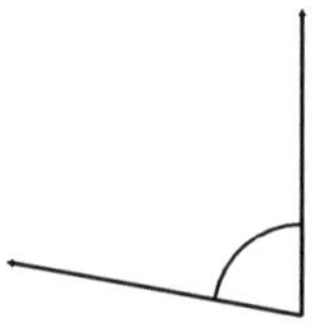

80º Acute

5) 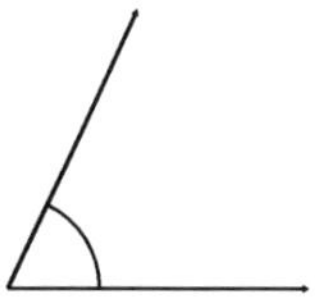

65º Acute

6) 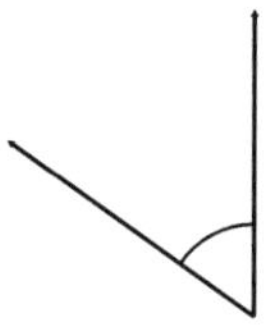

55º Acute

7) 

30º Acute

8) 

80º Acute

9) 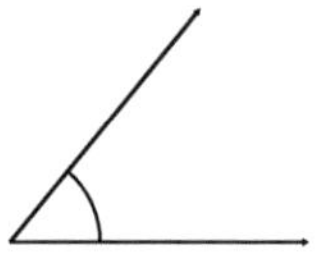

50º Acute

10) 

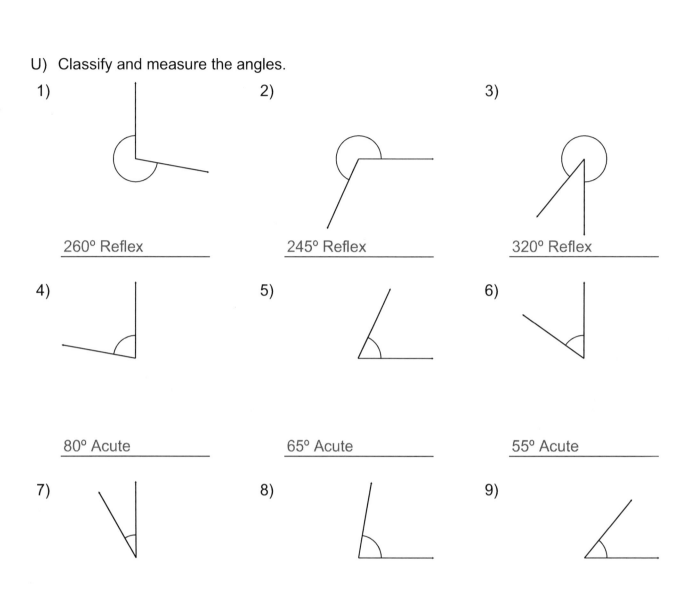

5º Acute

V) Classify and measure the angles.

1)

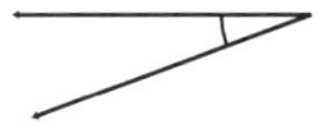

20° Acute

2)

150° Obtuse

3)

80° Acute

4)

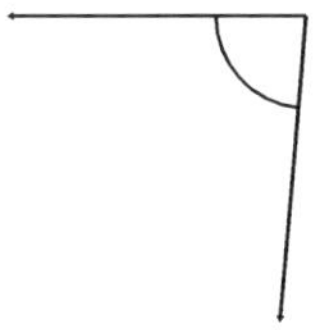

85° Acute

5)

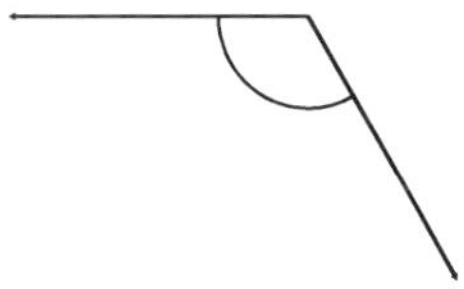

120° Obtuse

6)

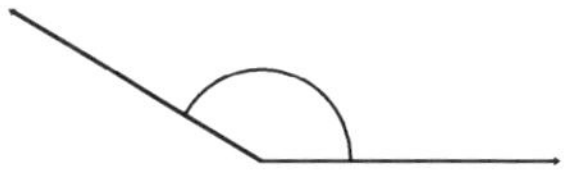

150° Obtuse

7)

215° Reflex

8)

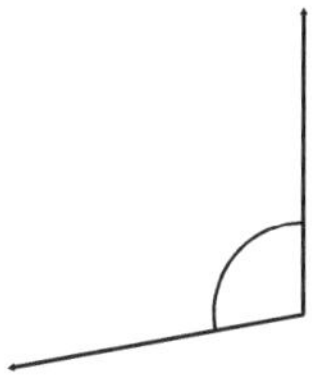

100° Obtuse

9)

185° Reflex

10)

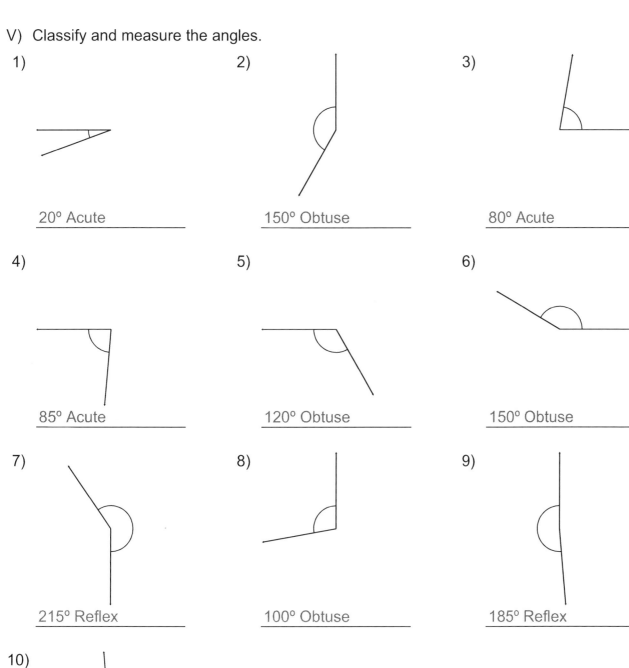

185° Reflex

W) Classify and measure the angles.

1) 

10° Acute

2) 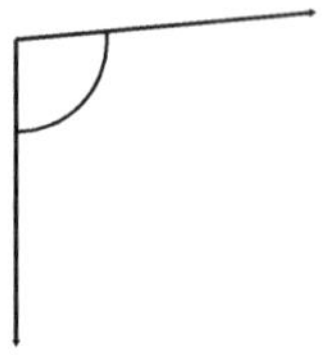

95° Obtuse

3) 

80° Acute

4) 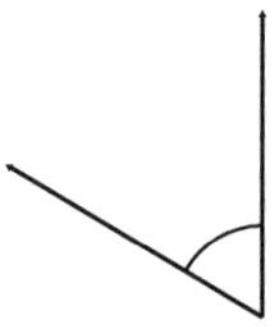

60° Acute

5) 

185° Reflex

6) 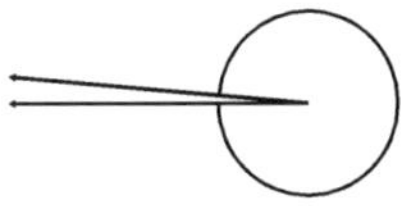

355° Reflex

7) 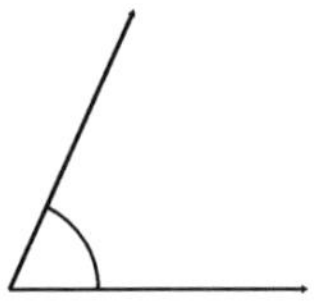

65° Acute

8) 

140° Obtuse

9) 

350° Reflex

10) 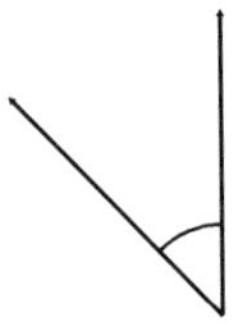

45° Acute

X) Classify and measure the angles.

1)

215° Reflex

2)

160° Obtuse

3)

10° Acute

4)

135° Obtuse

5)

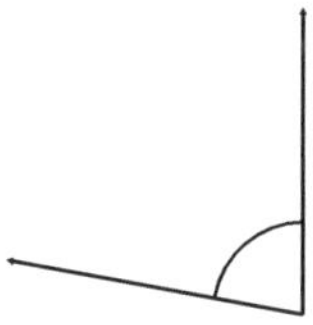

80° Acute

6)

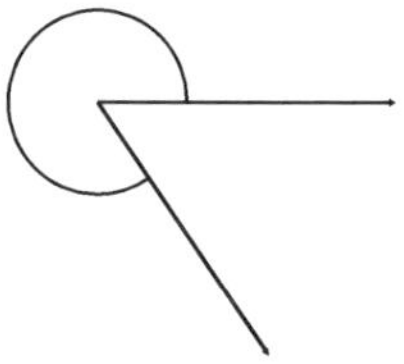

305° Reflex

7)

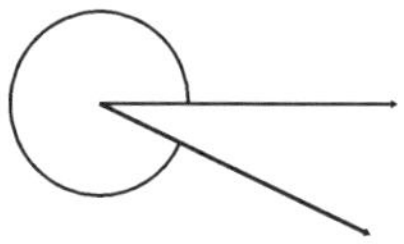

335° Reflex

8)

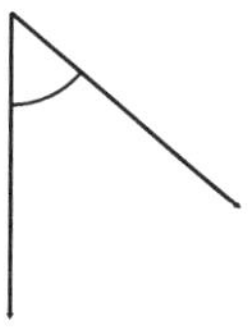

50° Acute

9)

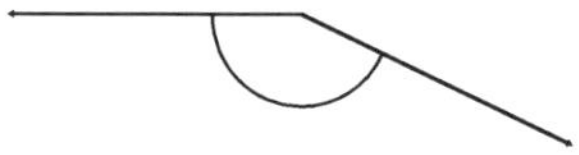

155° Obtuse

10)

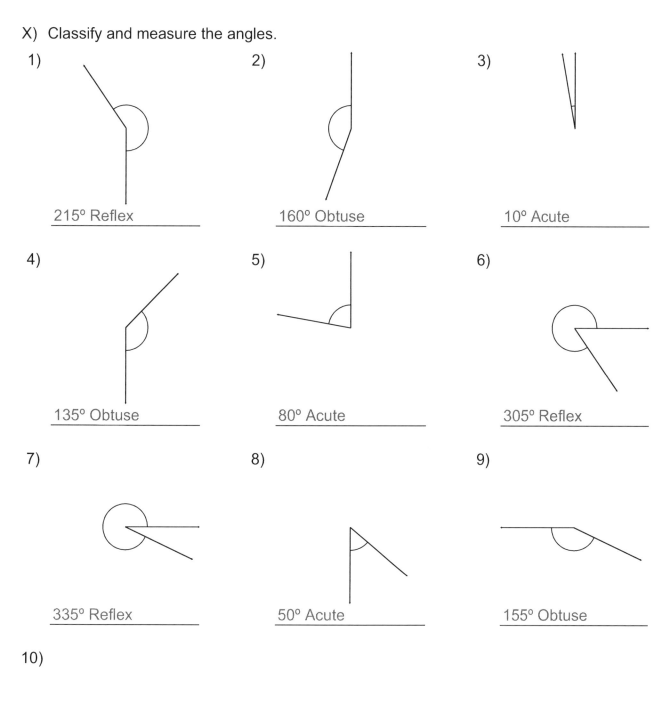

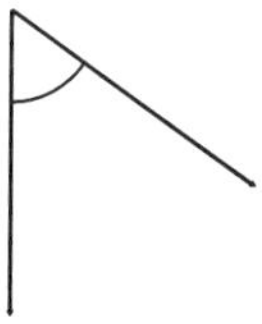

55° Acute

Y) Classify and measure the angles.

1)

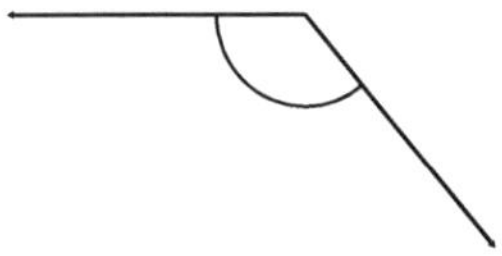

130° Obtuse

2)

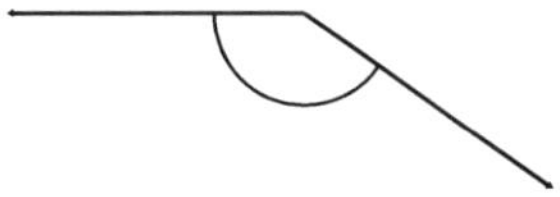

145° Obtuse

3)

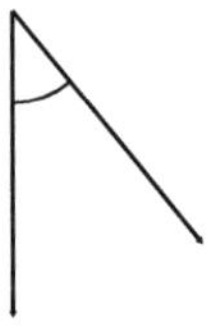

40° Acute

4)

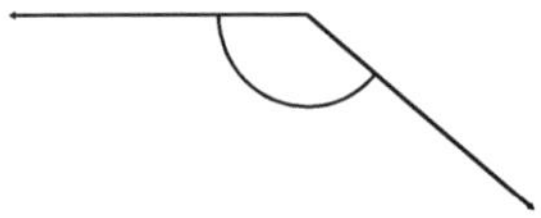

140° Obtuse

5)

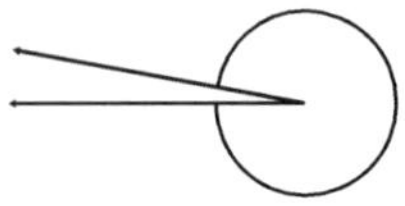

350° Reflex

6)

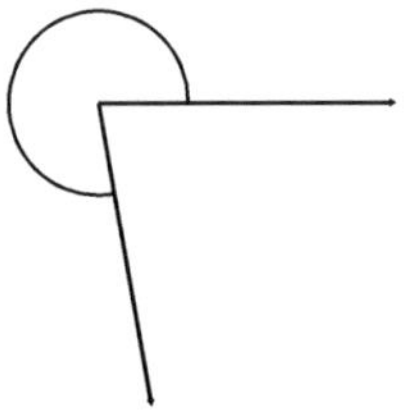

280° Reflex

7)

140° Obtuse

8)

20° Acute

9)

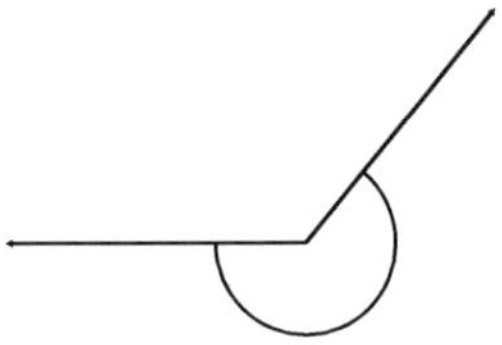

230° Reflex

10)

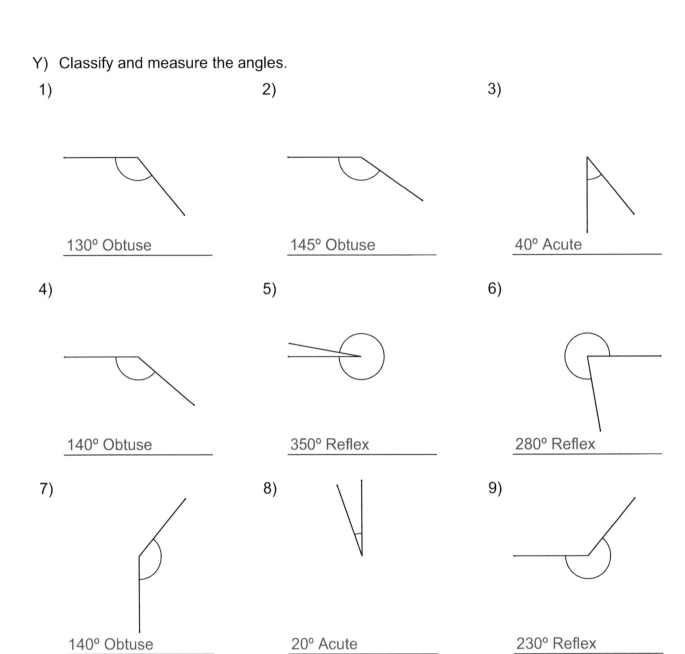

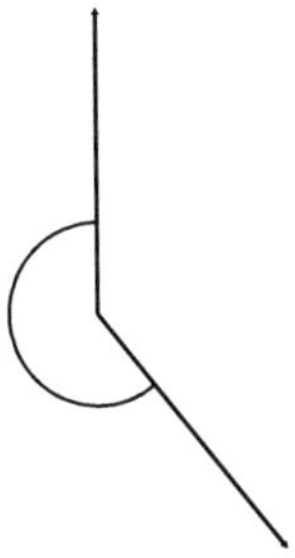

220° Reflex

Z) Classify and measure the angles.

1)

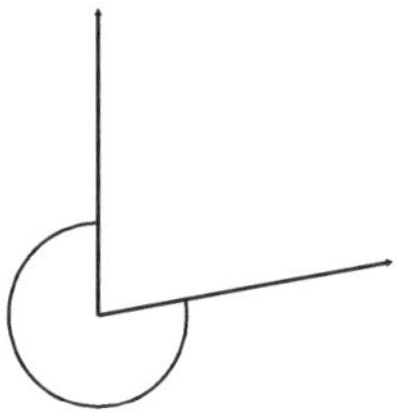

280º Reflex

2)

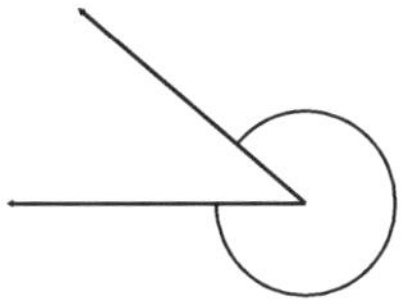

320º Reflex

3)

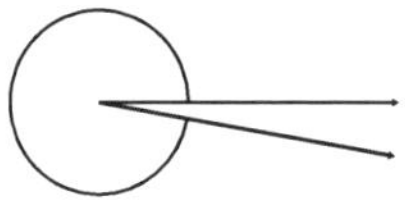

350º Reflex

4)

170º Obtuse

5)

10º Acute

6)

80º Acute

7)

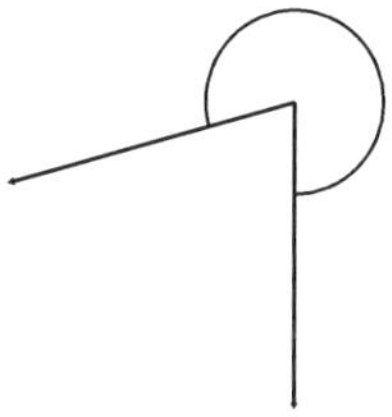

285º Reflex

8)

185º Reflex

9)

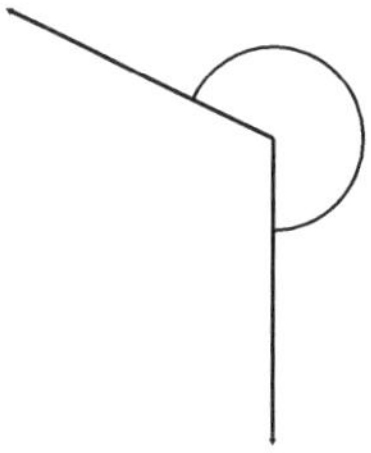

245º Reflex

10)

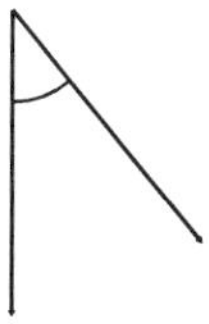

40º Acute

AA) Classify and measure the angles.

1)

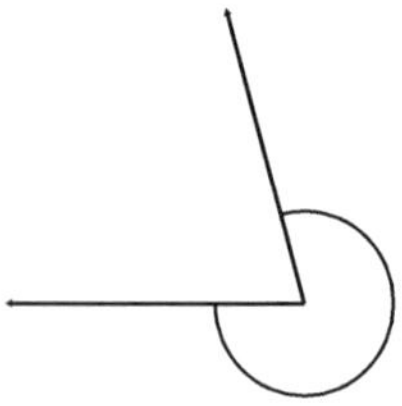

285° Reflex

2)

160° Obtuse

3)

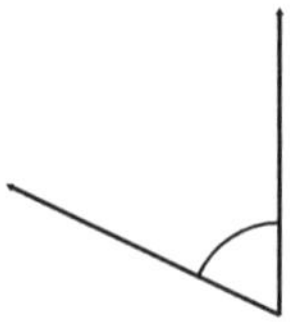

65° Acute

4)

140° Obtuse

5)

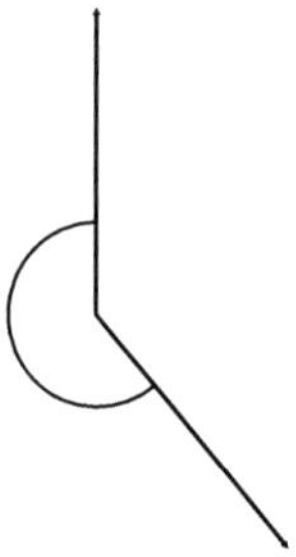

220° Reflex

6)

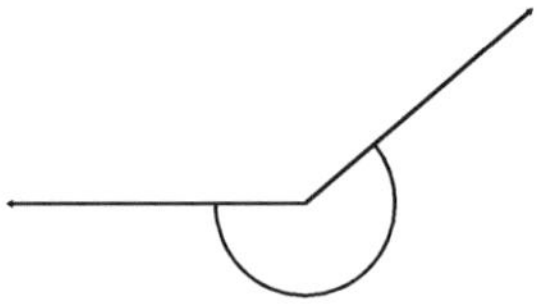

220° Reflex

7)

15° Acute

8)

155° Obtuse

9)

200° Reflex

10)

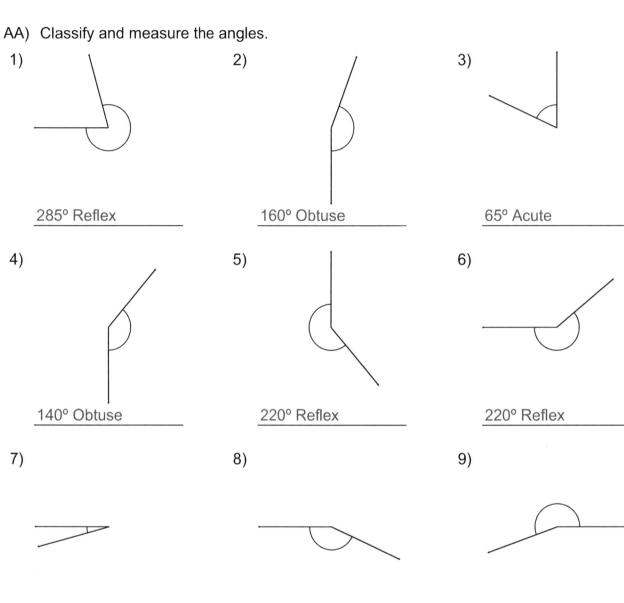

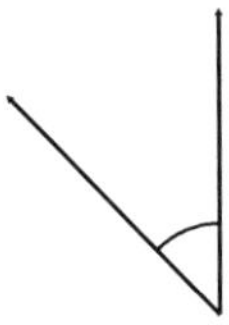

45° Acute

BB) Classify and measure the angles.

1)

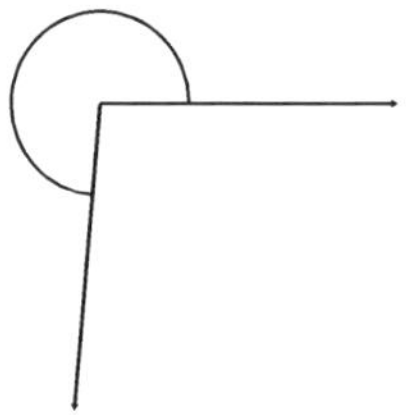

265° Reflex

2)

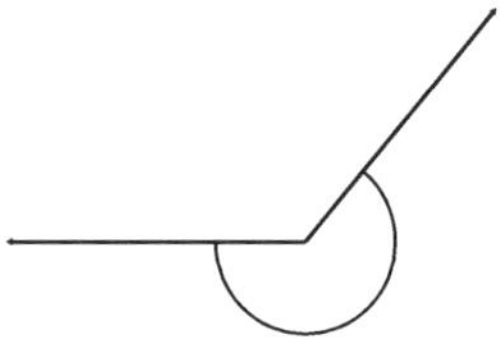

230° Reflex

3)

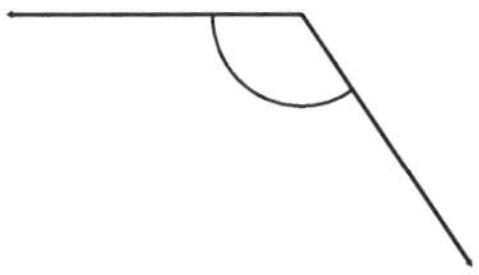

125° Obtuse

4)

175° Obtuse

5)

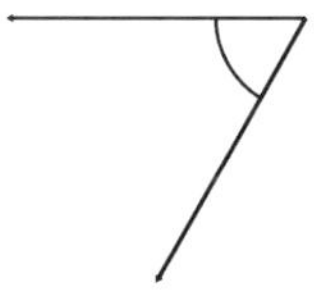

60° Acute

6)

350° Reflex

7)

10° Acute

8)

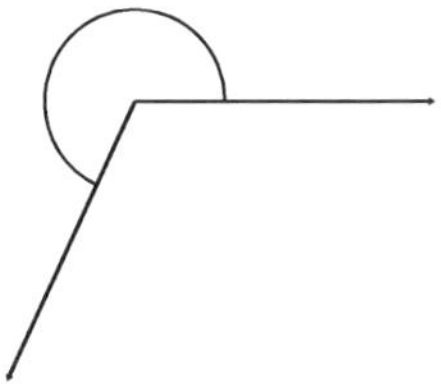

245° Reflex

9)

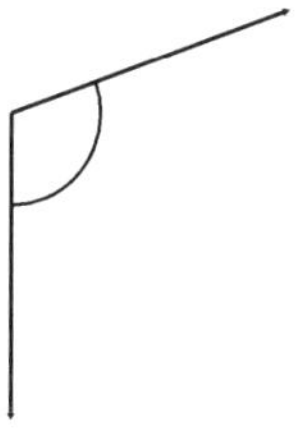

110° Obtuse

10)

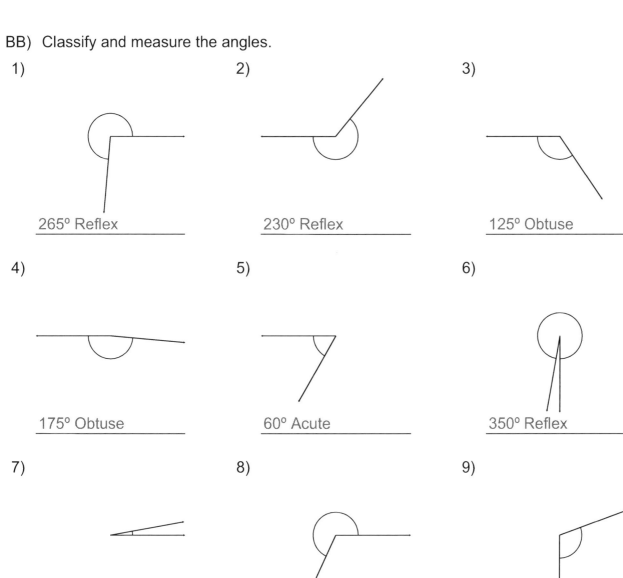

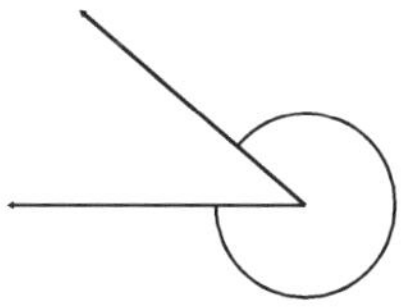

320° Reflex

CC) Classify and measure the angles.

1)

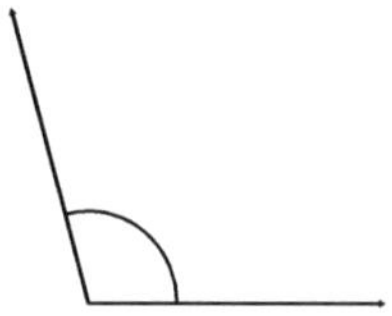

105° Obtuse

2)

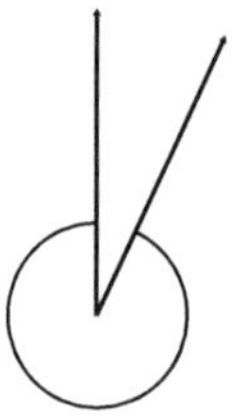

335° Reflex

3)

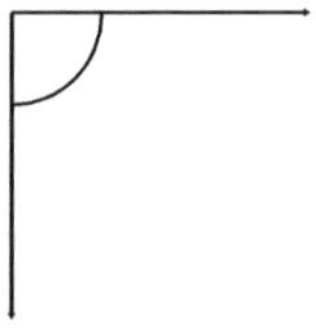

90° Right

4)

20° Acute

5)

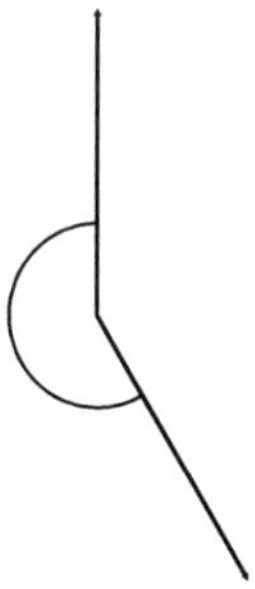

210° Reflex

6)

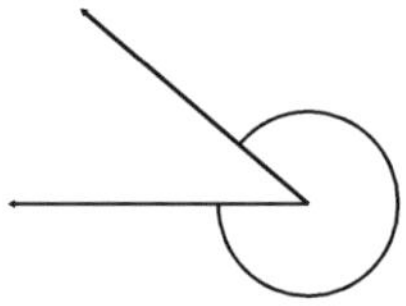

320° Reflex

7)

10° Acute

8)

170° Obtuse

9)

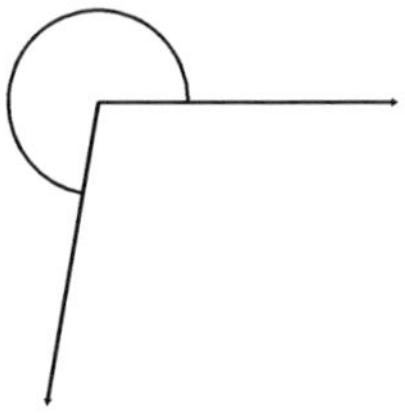

260° Reflex

10)

210° Reflex

DD) Classify and measure the angles.

1)

180° Straight

2)

190° Reflex

3)

160° Obtuse

4)

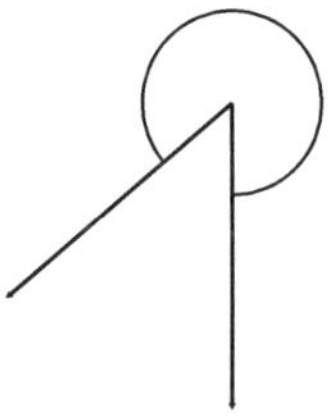

310° Reflex

5)

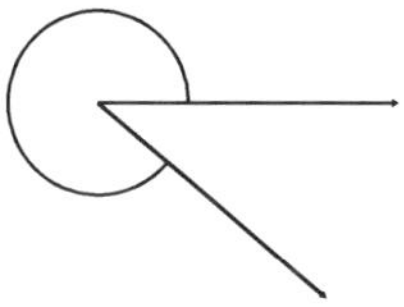

320° Reflex

6)

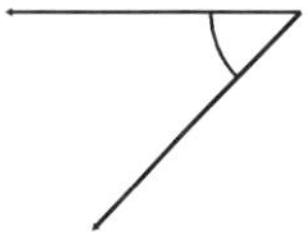

45° Acute

7)

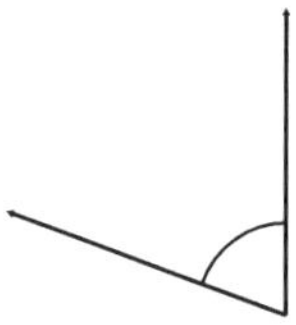

70° Acute

8)

140° Obtuse

9)

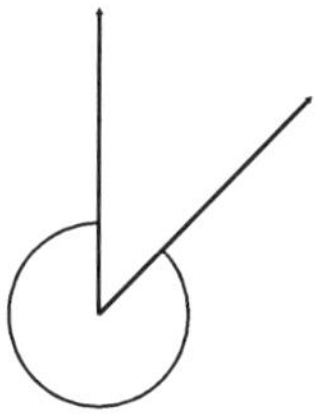

315° Reflex

10)

175° Obtuse

EE) Classify and measure the angles.

1)

40° Acute

2)

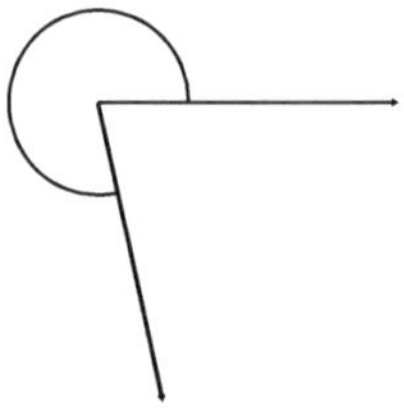

282° Reflex

3)

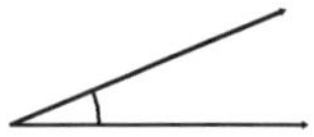

22° Acute

4)

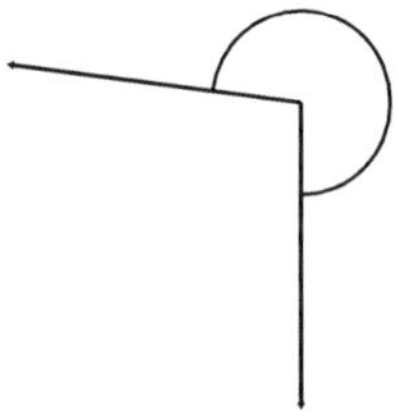

263° Reflex

5)

14° Acute

6)

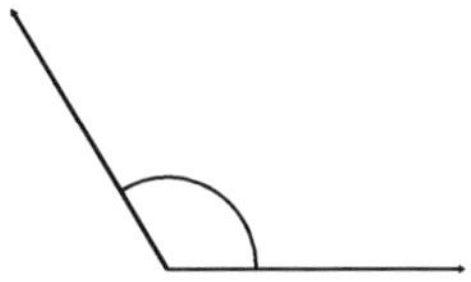

122° Obtuse

7)

170° Obtuse

8)

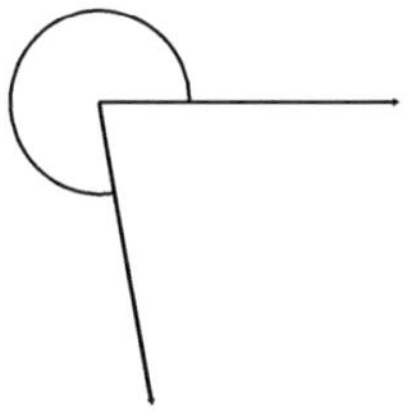

280° Reflex

9)

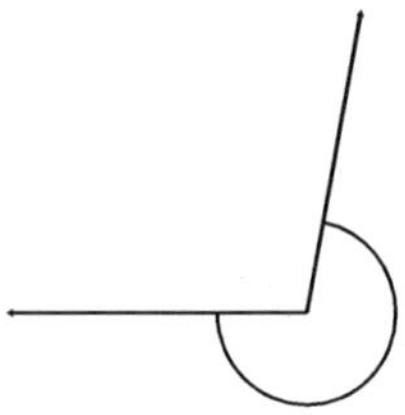

259° Reflex

10)

345° Reflex

FF) Classify and measure the angles.

1)

312° Reflex

2)

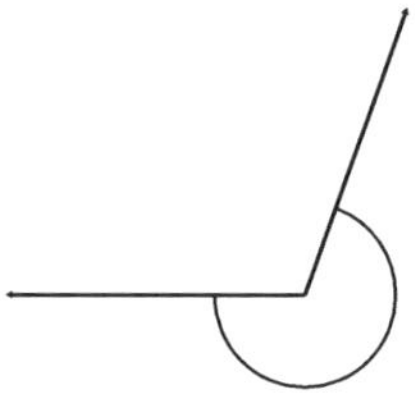

250° Reflex

3)

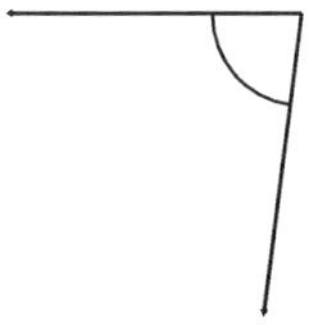

83° Acute

4)

172° Obtuse

5)

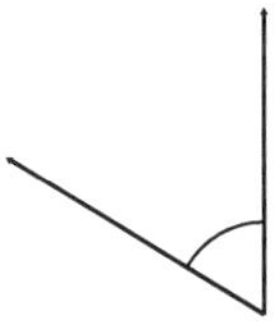

59° Acute

6)

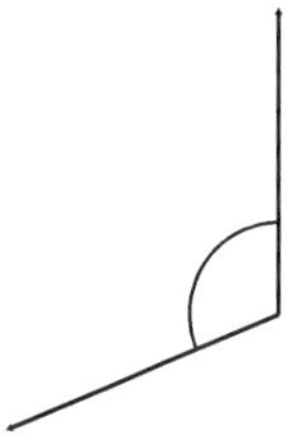

112° Obtuse

7)

9° Acute

8)

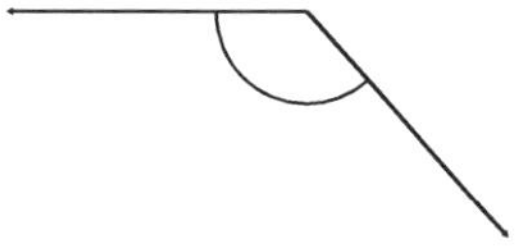

132° Obtuse

9)

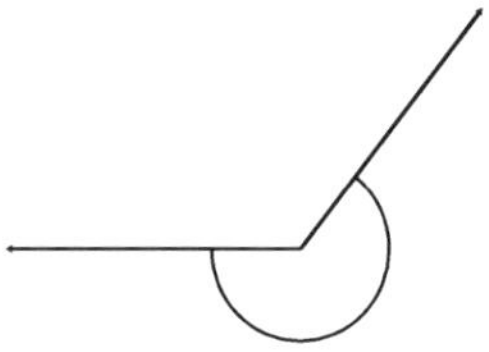

232° Reflex

10)

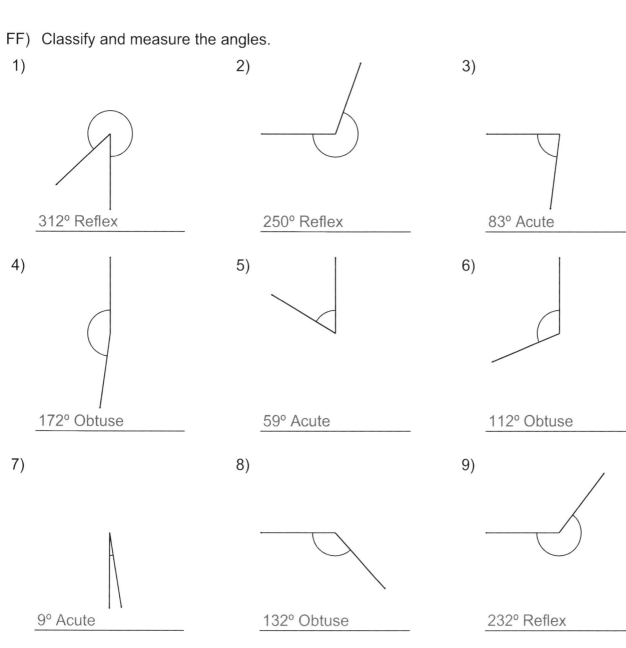

167° Obtuse

GG) Classify and measure the angles.

1)

76° Acute

2)

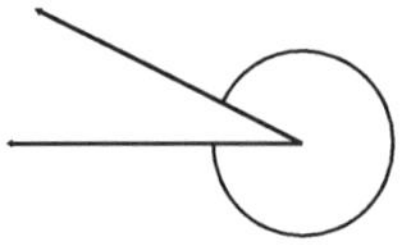

334° Reflex

3)

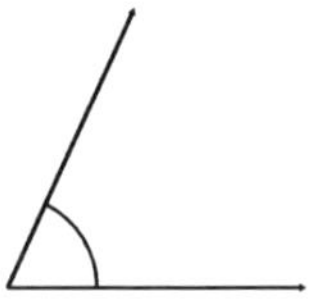

65° Acute

4)

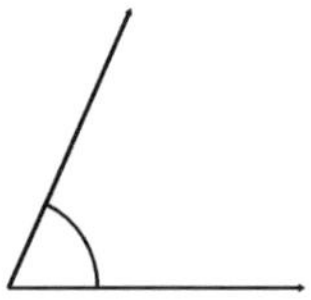

66° Acute

5)

180° Straight

6)

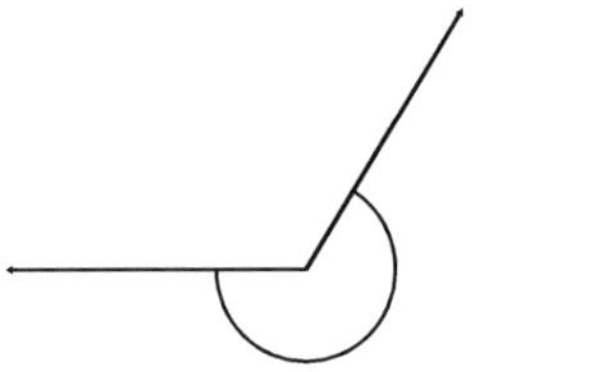

238° Reflex

7)

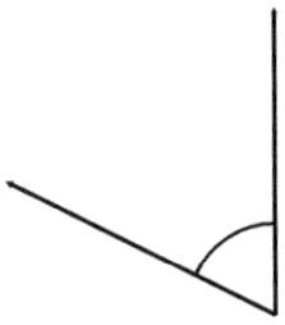

64° Acute

8)

11° Acute

9)

177° Obtuse

10)

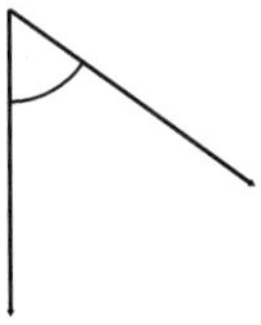

55° Acute

HH) Classify and measure the angles.

1)

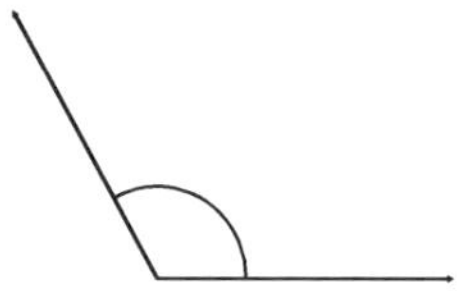

119° Obtuse

2)

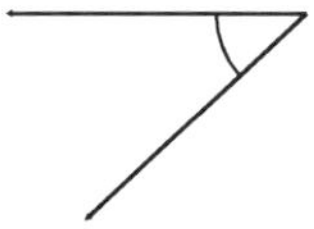

42° Acute

3)

7° Acute

4)

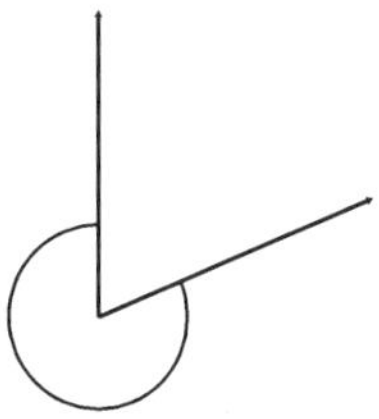

293° Reflex

5)

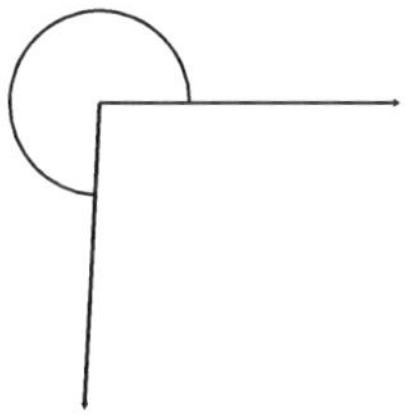

267° Reflex

6)

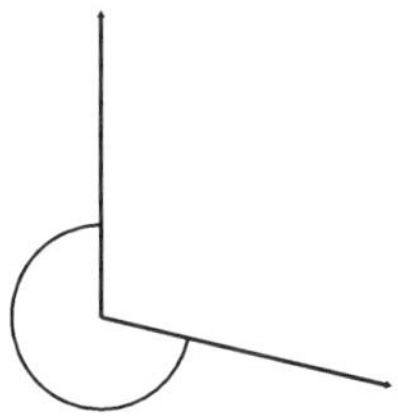

257° Reflex

7)

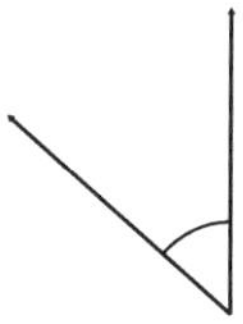

49° Acute

8)

10° Acute

9)

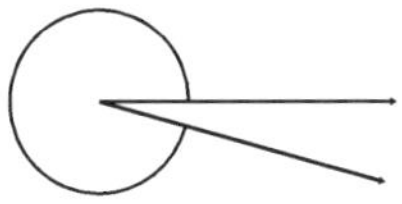

345° Reflex

10)

177° Obtuse

II) Classify and measure the angles.

1)

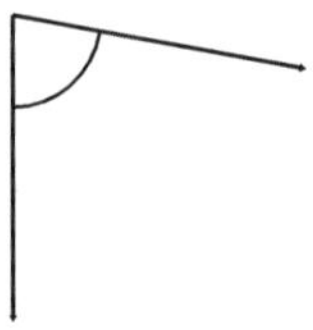

80° Acute

2)

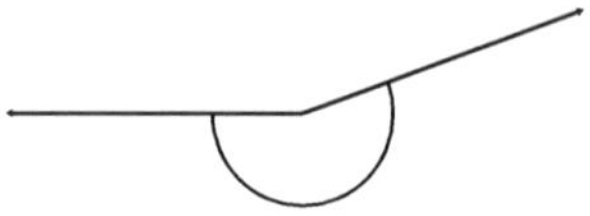

200° Reflex

3)

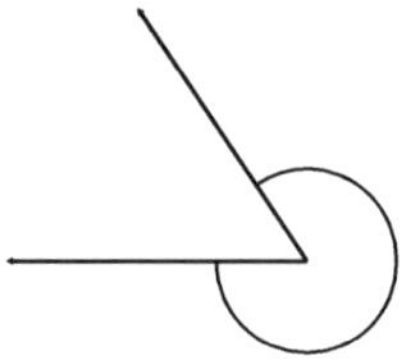

304° Reflex

4)

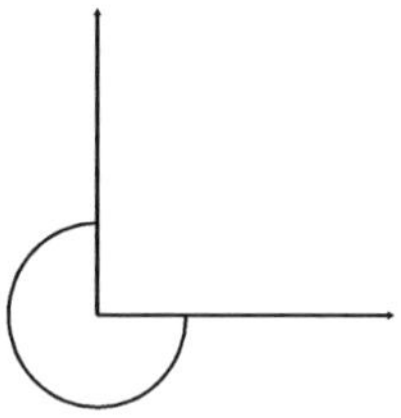

270° Reflex

5)

4° Acute

6)

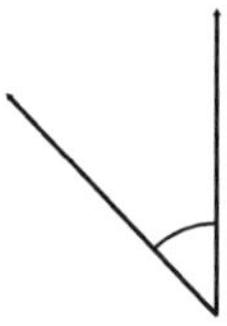

44° Acute

7)

164° Obtuse

8)

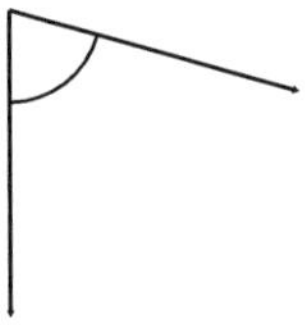

75° Acute

9)

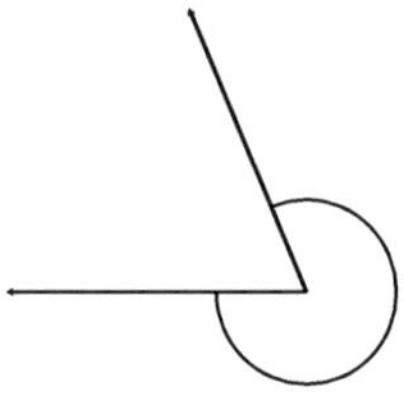

293° Reflex

10)

19° Acute

JJ) Classify and measure the angles.

1)

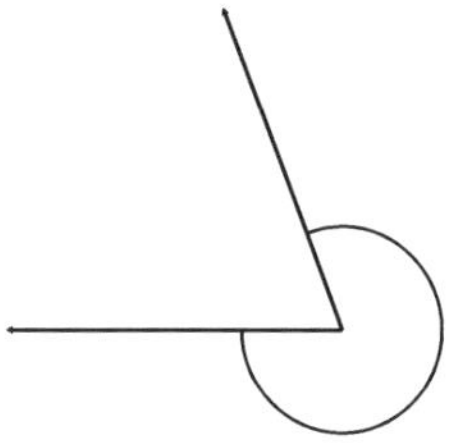

291° Reflex

2)

169° Obtuse

3)

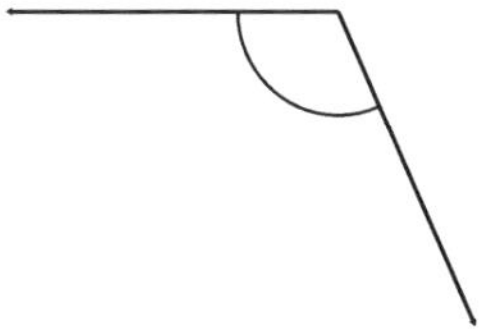

114° Obtuse

4)

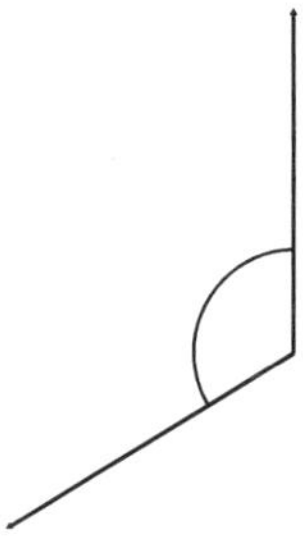

121° Obtuse

5)

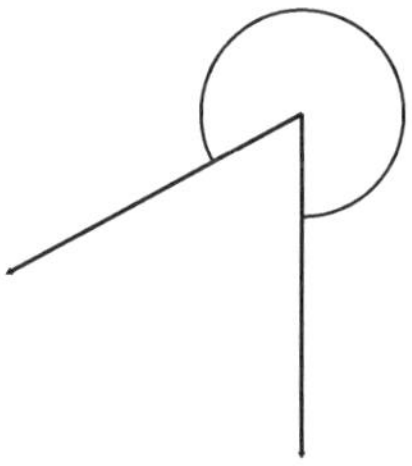

298° Reflex

6)

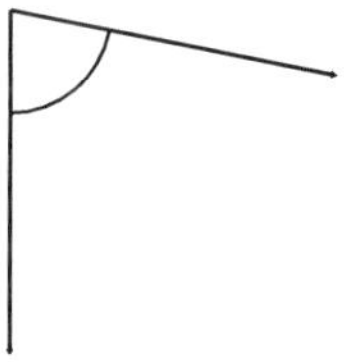

79° Acute

7)

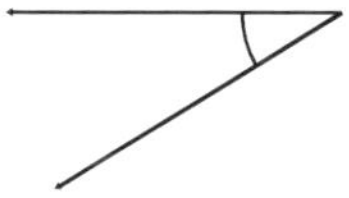

31° Acute

8)

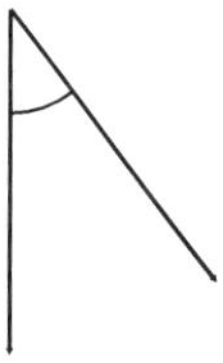

38° Acute

9)

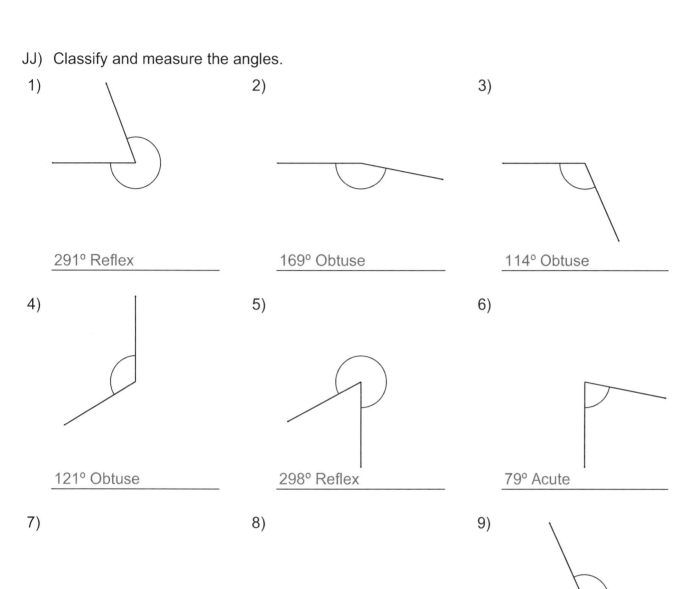

205° Reflex

KK) Classify and measure the angles.

1)

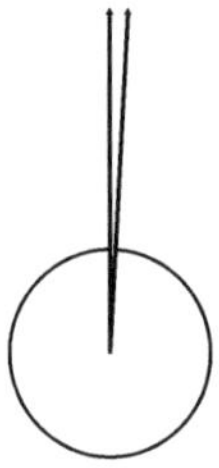

357° Reflex

2)

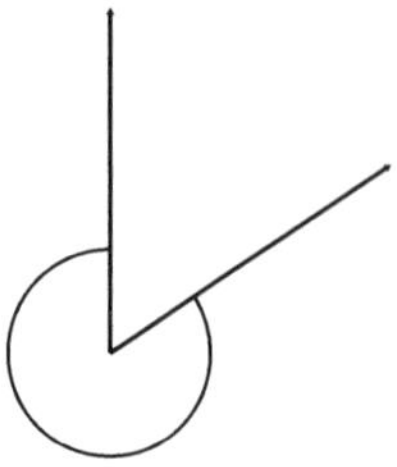

303° Reflex

3)

155° Obtuse

4)

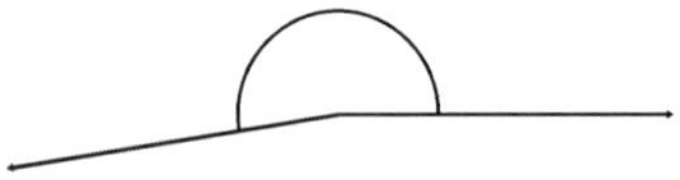

189° Reflex

5)

180° Straight

6)

23° Acute

7)

184° Reflex

8)

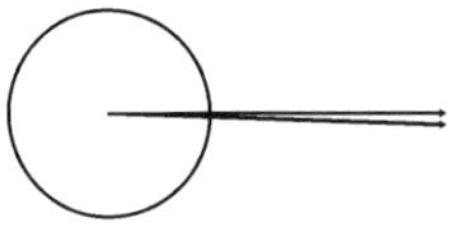

358° Reflex

9)

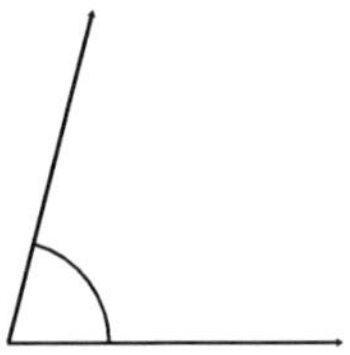

75° Acute

LL) Classify and measure the angles.

1)

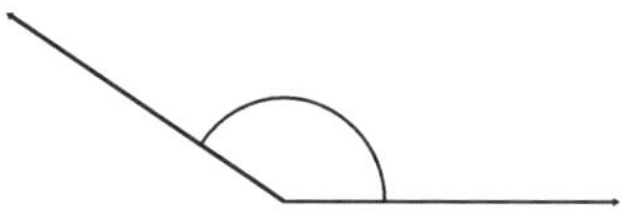

147° Obtuse

2)

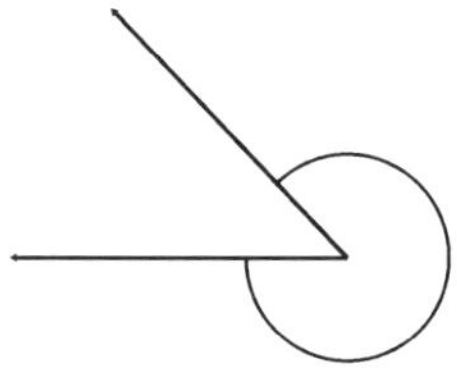

314° Reflex

3)

158° Obtuse

4)

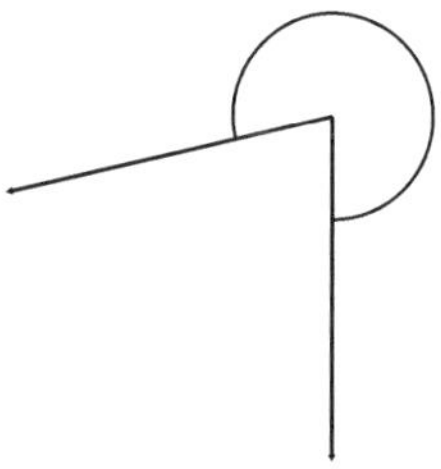

283° Reflex

5)

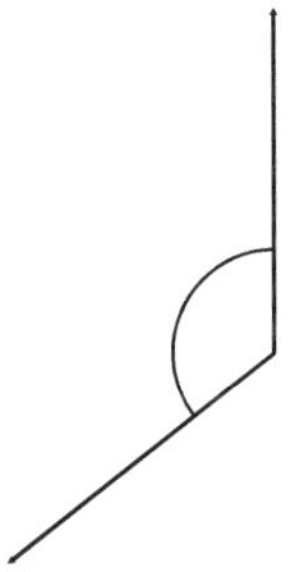

128° Obtuse

6)

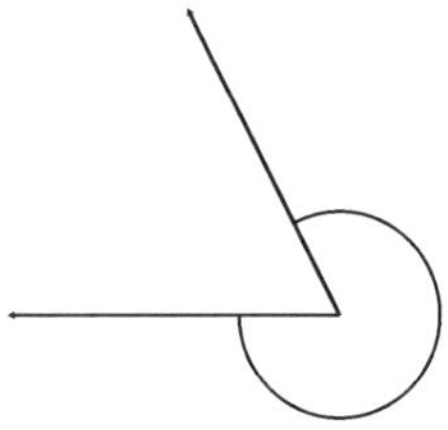

297° Reflex

7)

192° Reflex

8)

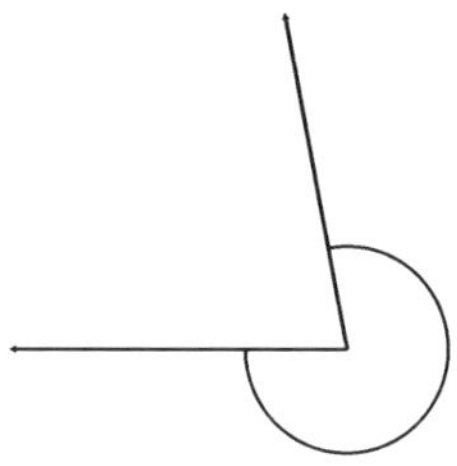

281° Reflex

9)

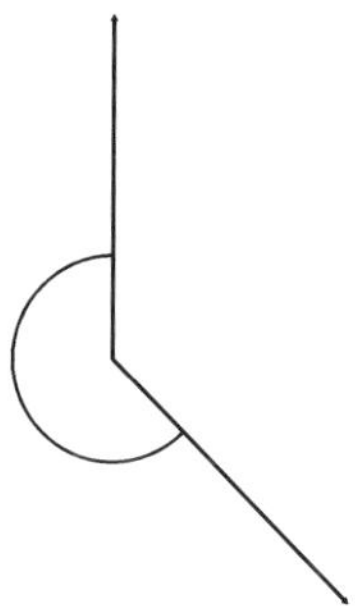

225° Reflex

MM) Classify and measure the angles.

1)

186° Reflex

2)

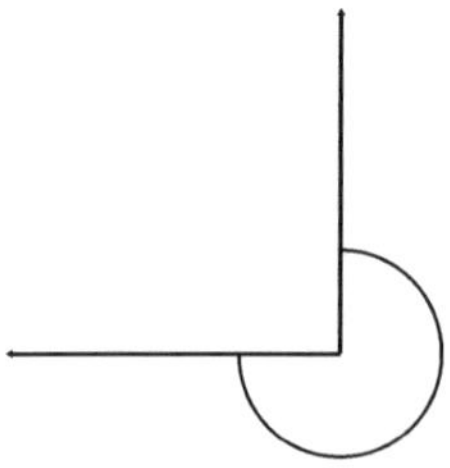

270° Reflex

3)

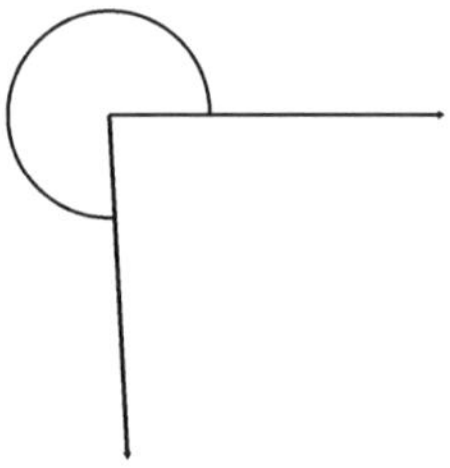

273° Reflex

4)

193° Reflex

5)

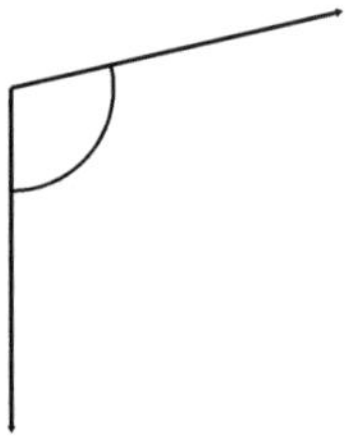

103° Obtuse

6)

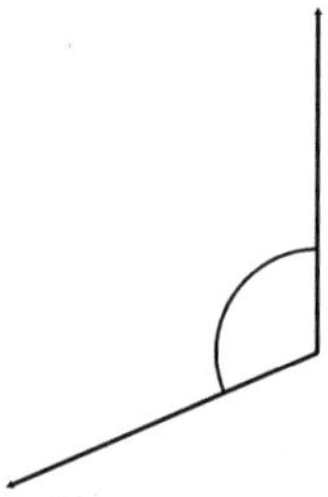

113° Obtuse

7)

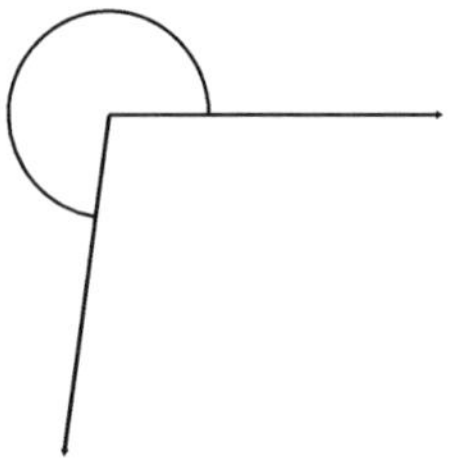

262° Reflex

8)

6° Acute

9)

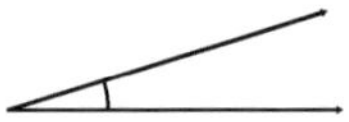

17° Acute

NN) Classify and measure the angles.

1)

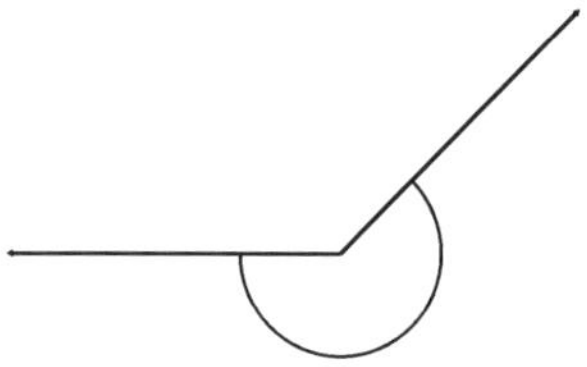

225° Reflex

2)

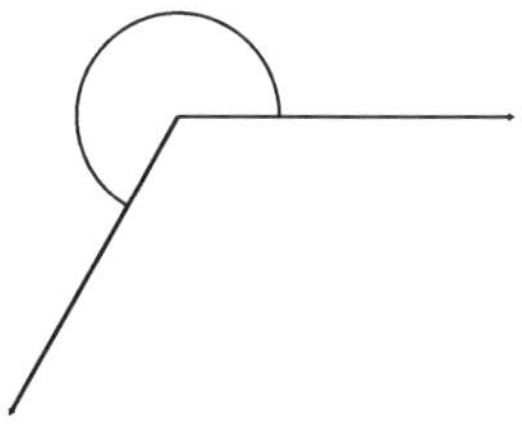

240° Reflex

3)

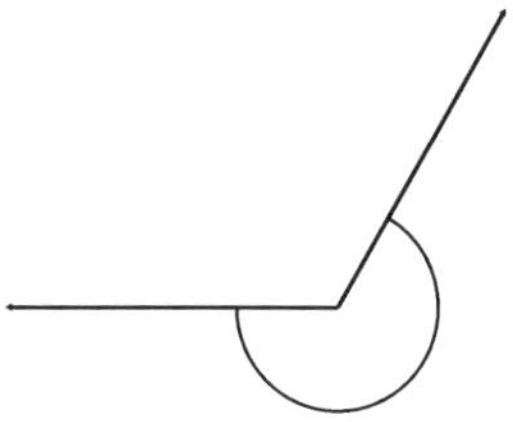

240° Reflex

4)

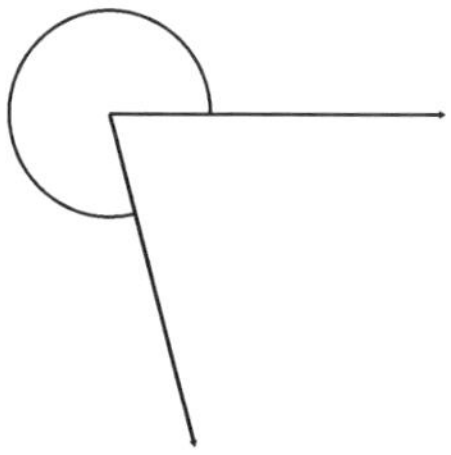

285° Reflex

5)

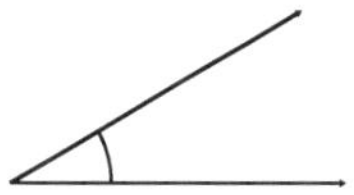

30° Acute

6)

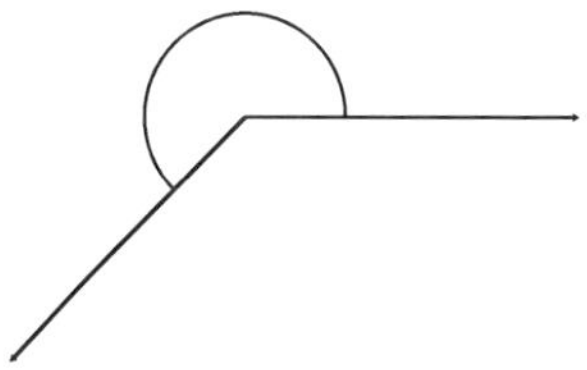

225° Reflex

7)

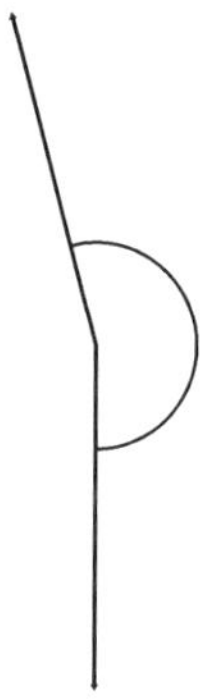

195° Reflex

8)

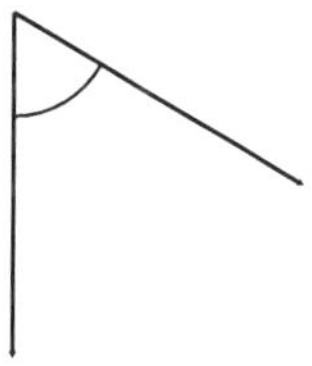

60° Acute

9)

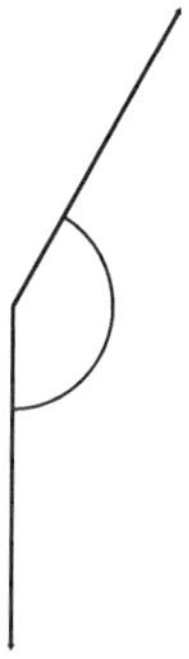

150° Obtuse

OO) Classify and measure the angles.

1)

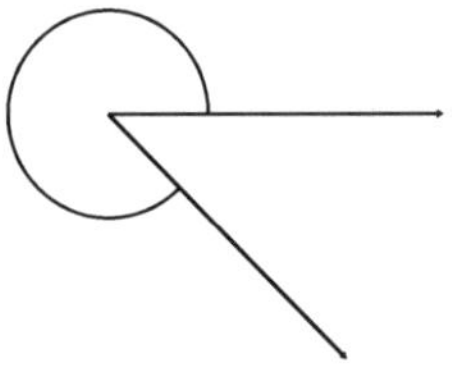

315° Reflex

2)

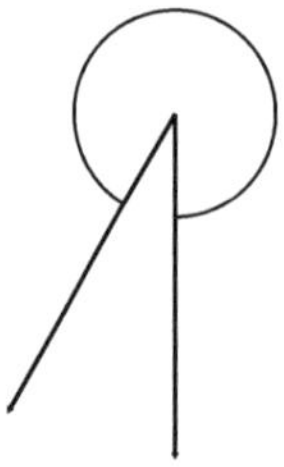

330° Reflex

3)

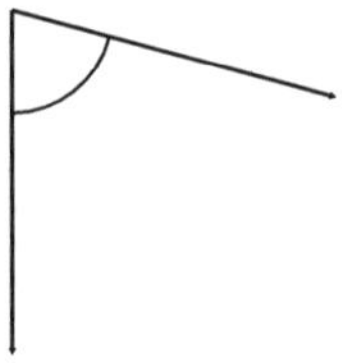

75° Acute

4)

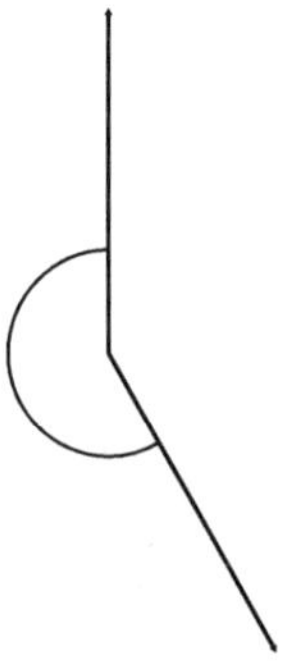

210° Reflex

5)

150° Obtuse

6)

180° Straight

7)

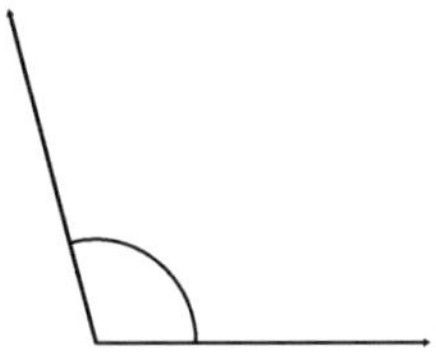

105° Obtuse

8)

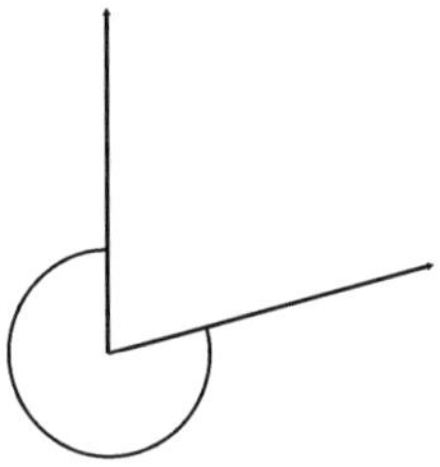

285° Reflex

9)

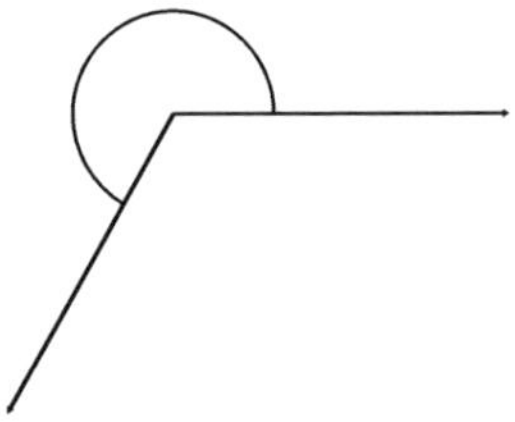

240° Reflex

PP) Classify and measure the angles.

1)

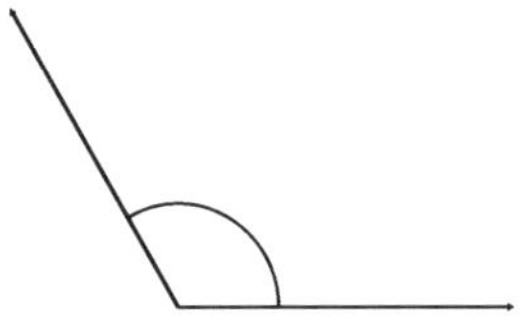

120° Obtuse

2)

180° Straight

3)

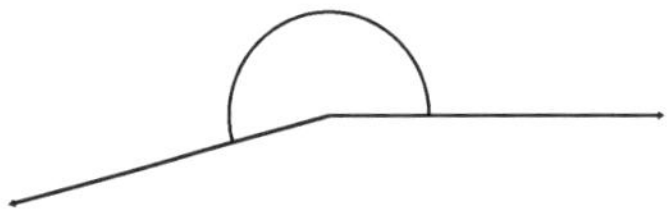

195° Reflex

4)

15° Acute

5)

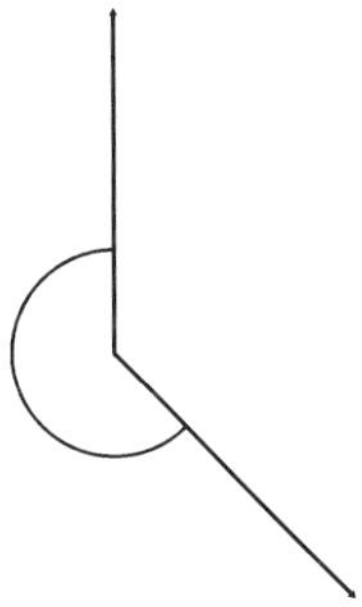

225° Reflex

6)

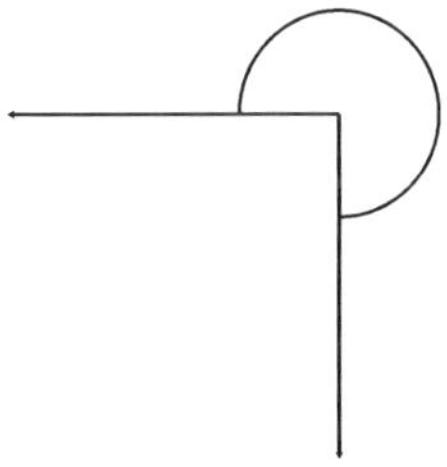

270° Reflex

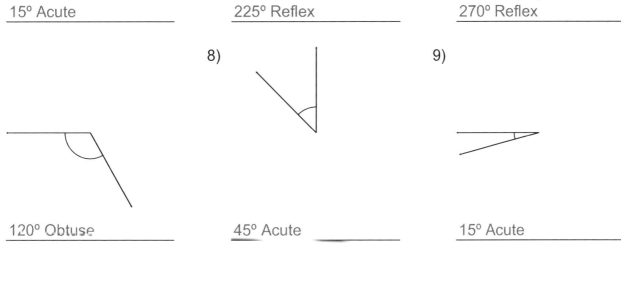

7)

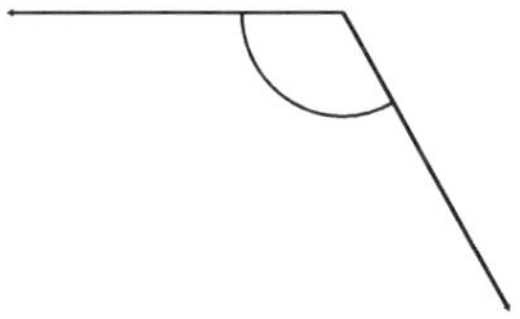

120° Obtuse

8)

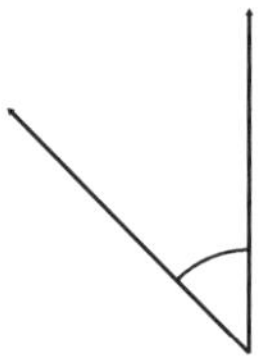

45° Acute

9)

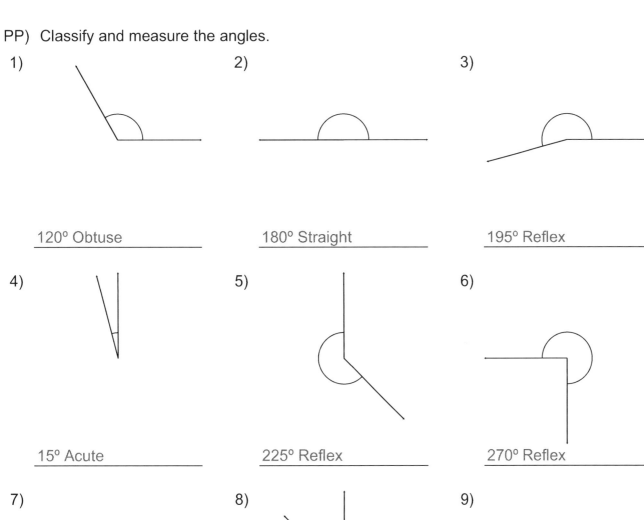

15° Acute

QQ) Classify and measure the angles.

1)

300º Reflex

2)

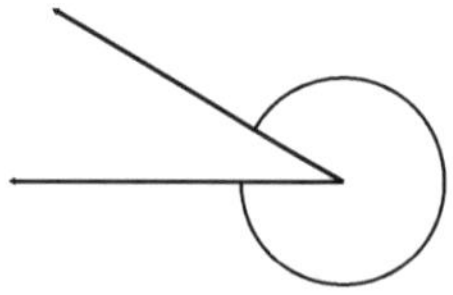

330º Reflex

3)

180º Straight

4)

165º Obtuse

5)

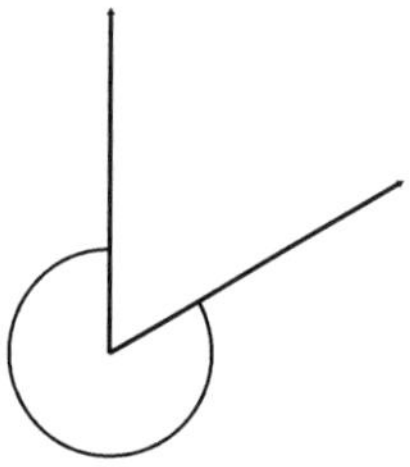

300º Reflex

6)

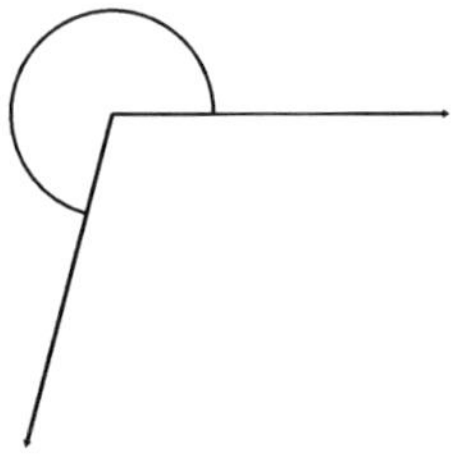

255º Reflex

7)

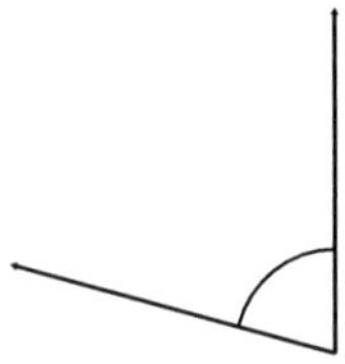

75º Acute

8)

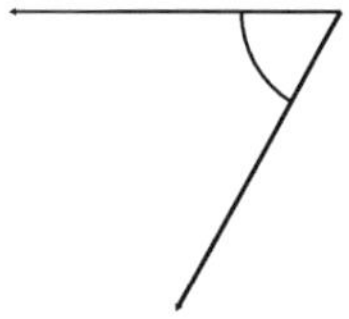

60º Acute

9)

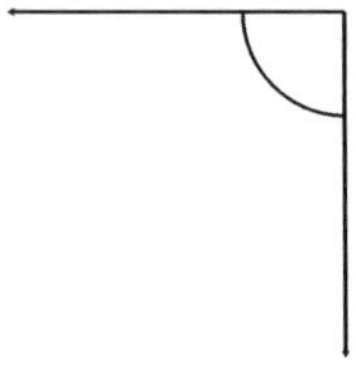

90º Right

RR) Classify and measure the angles.

1)

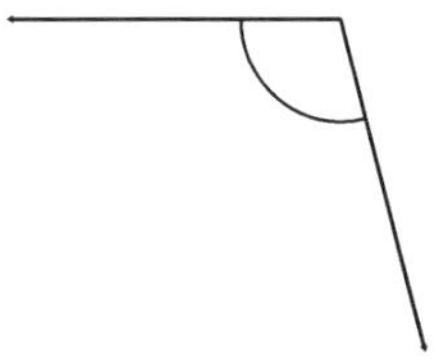

105° Obtuse

2)

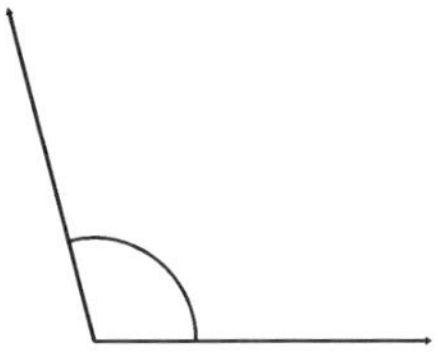

105° Obtuse

3)

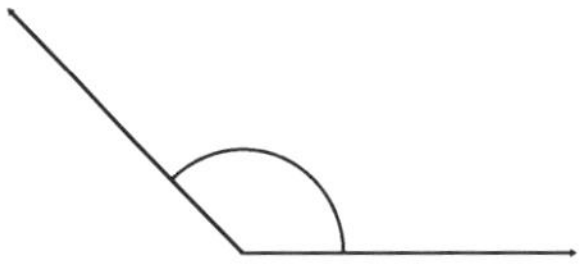

135° Obtuse

4)

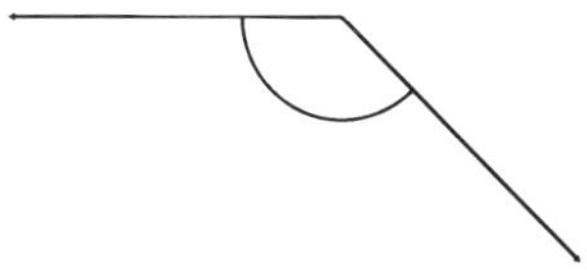

135° Obtuse

5)

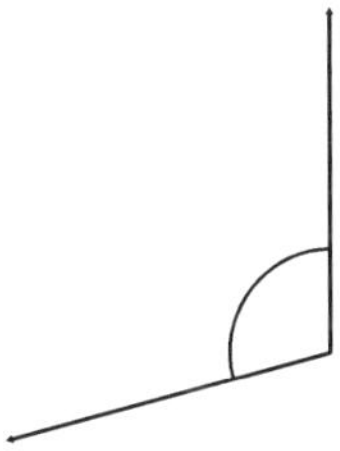

105° Obtuse

6)

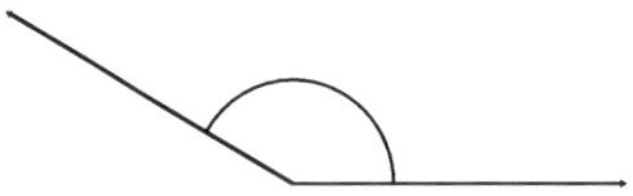

150° Obtuse

7)

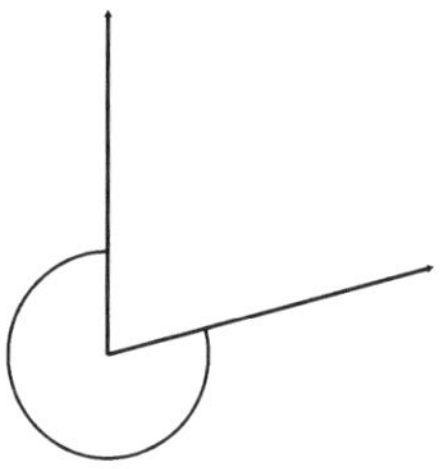

285° Reflex

8)

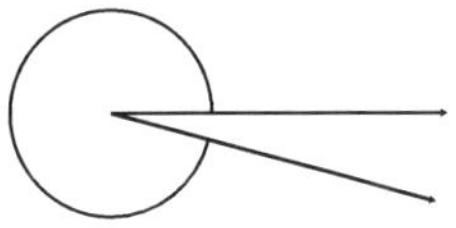

345° Reflex

9)

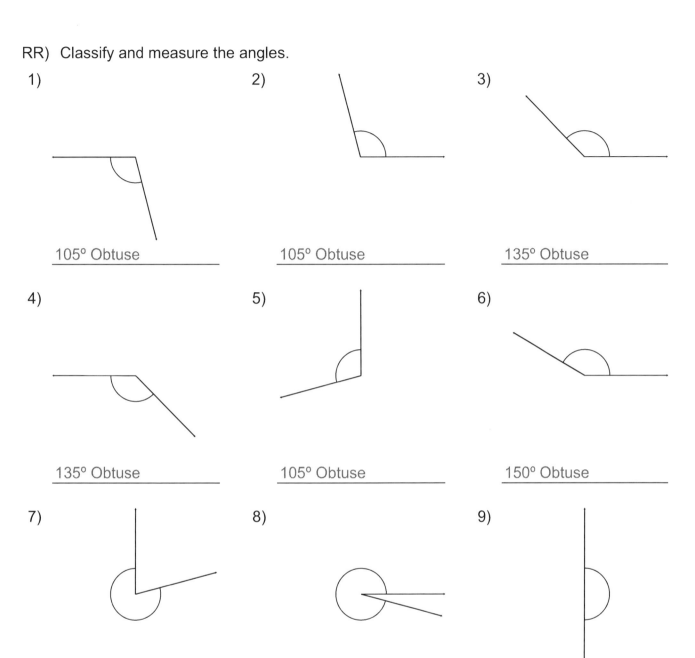

180° Straight

SS) Classify and measure the angles.

1)

135° Obtuse

2)

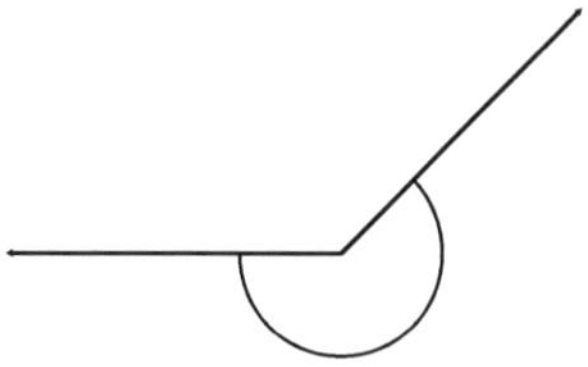

225° Reflex

3)

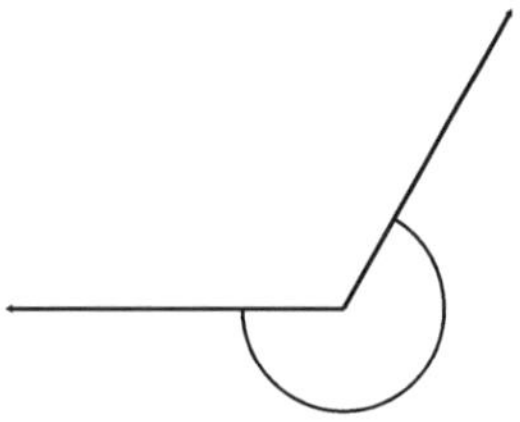

240° Reflex

4)

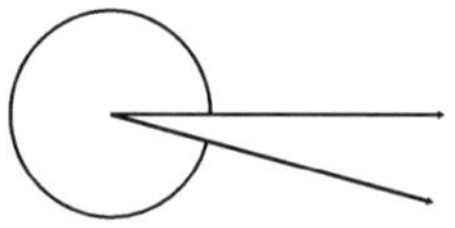

345° Reflex

5)

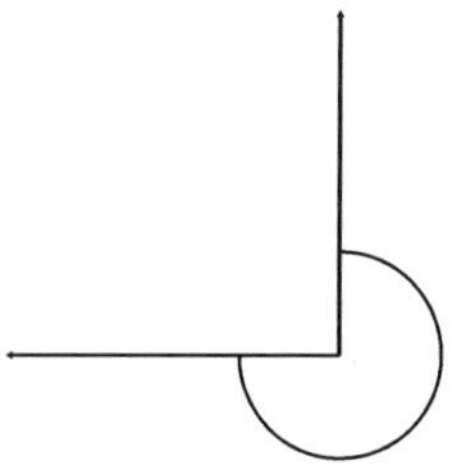

270° Reflex

6)

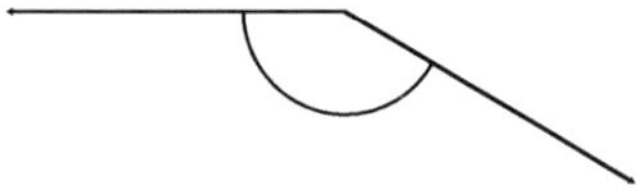

150° Obtuse

7)

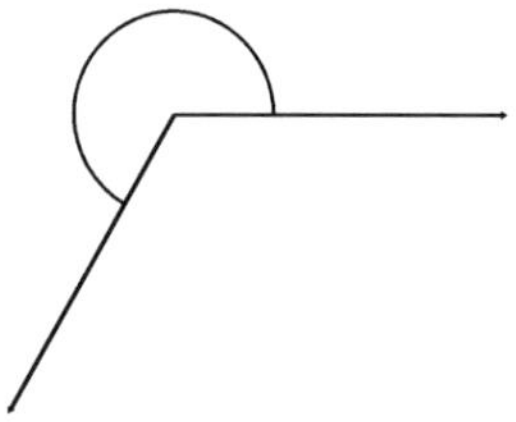

240° Reflex

8)

165° Obtuse

9)

195° Reflex

TT) Classify and measure the angles.

1)

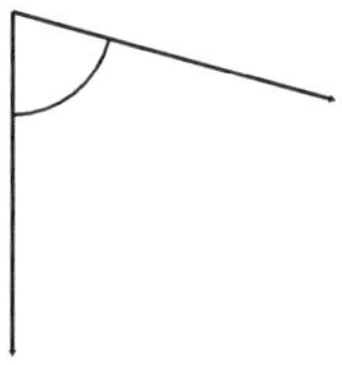

75º Acute

2)

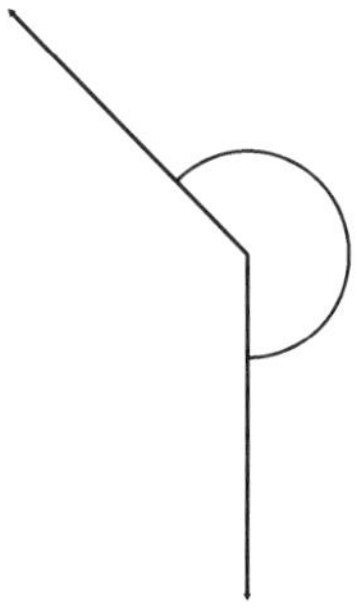

225º Reflex

3)

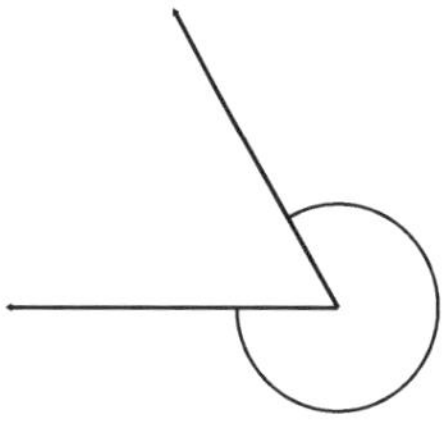

300º Reflex

4)

180º Straight

5)

180º Straight

6)

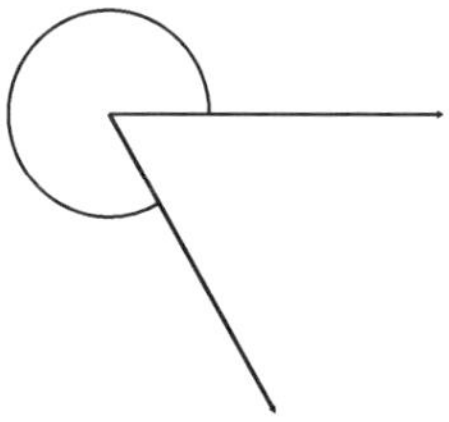

300º Reflex

7)

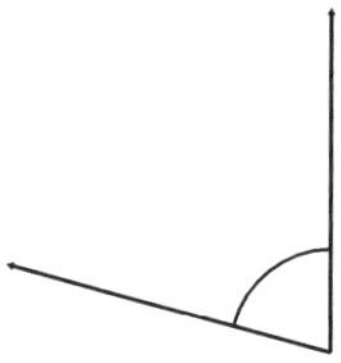

75º Acute

8)

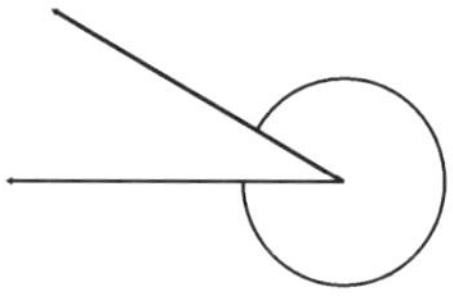

330º Reflex

9)

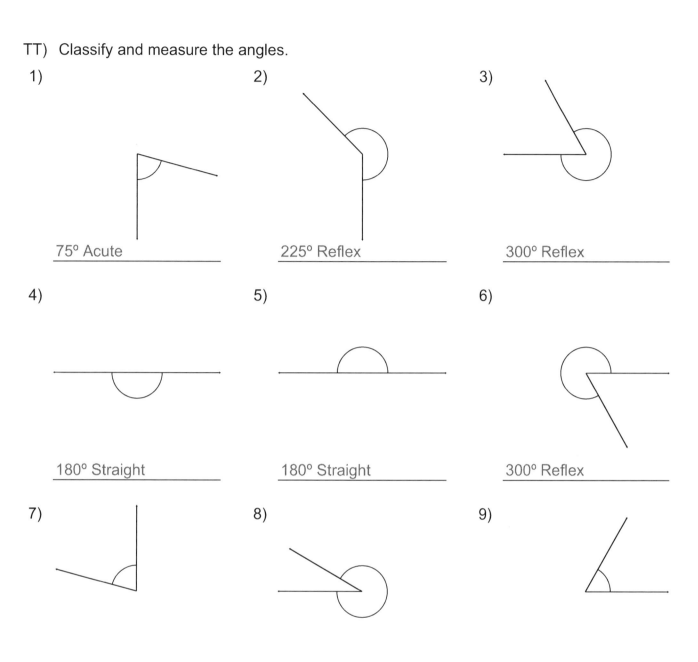

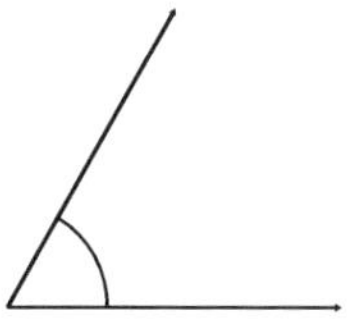

60º Acute

UU) Classify and measure the angles.

1)

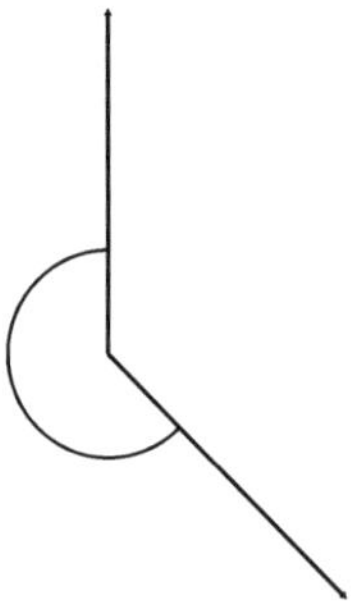

225° Reflex

2)

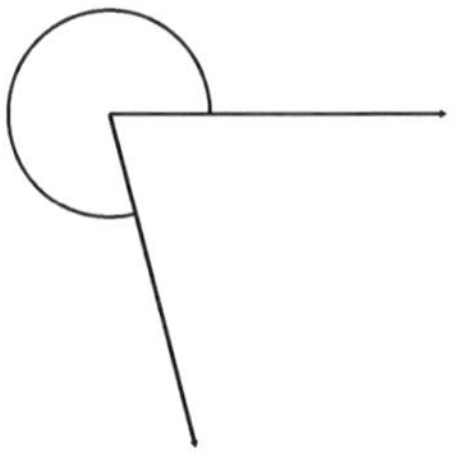

285° Reflex

3)

330° Reflex

4)

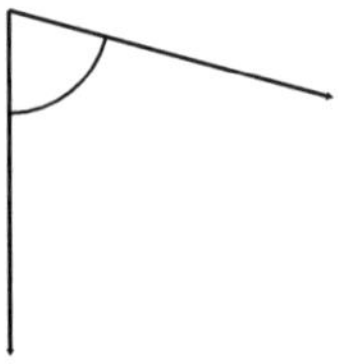

75° Acute

5)

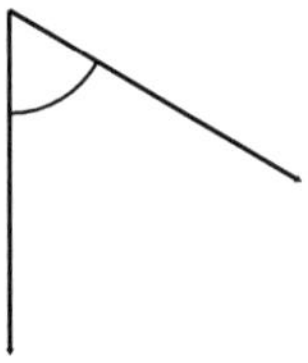

60° Acute

6)

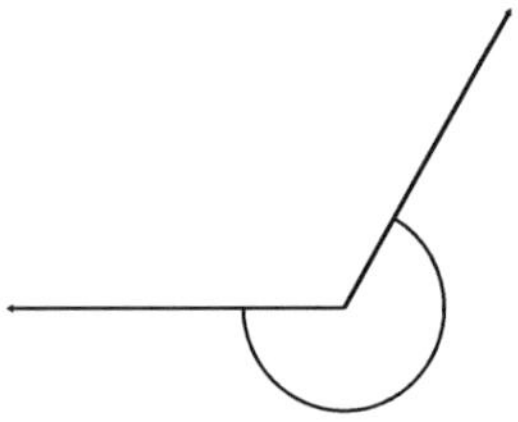

240° Reflex

7)

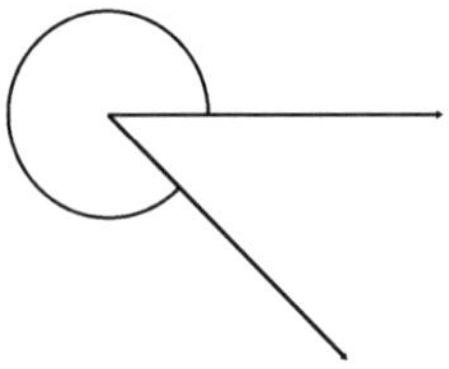

315° Reflex

8)

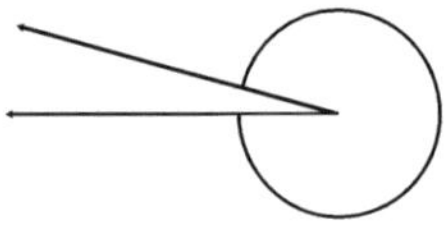

345° Reflex

9)

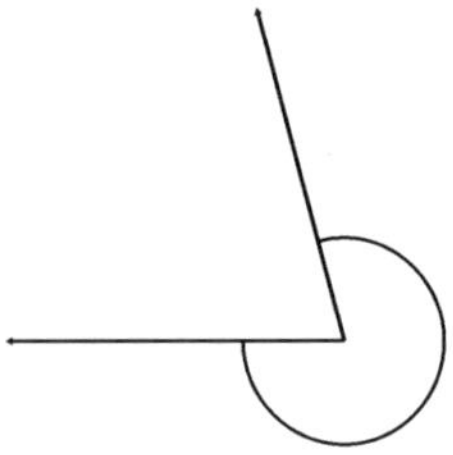

285° Reflex

VV) Classify and measure the angles.

1)

15° Acute

2)

330° Reflex

3)

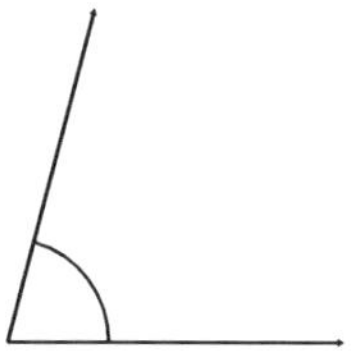

75° Acute

4)

30° Acute

5)

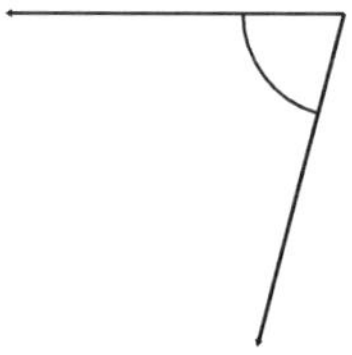

75° Acute

6)

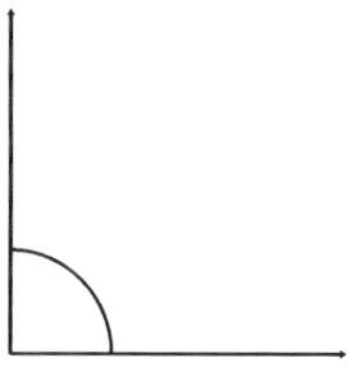

90° Right

7)

300° Reflex

8)

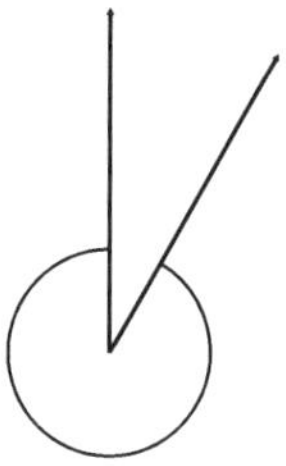

330° Reflex

9)

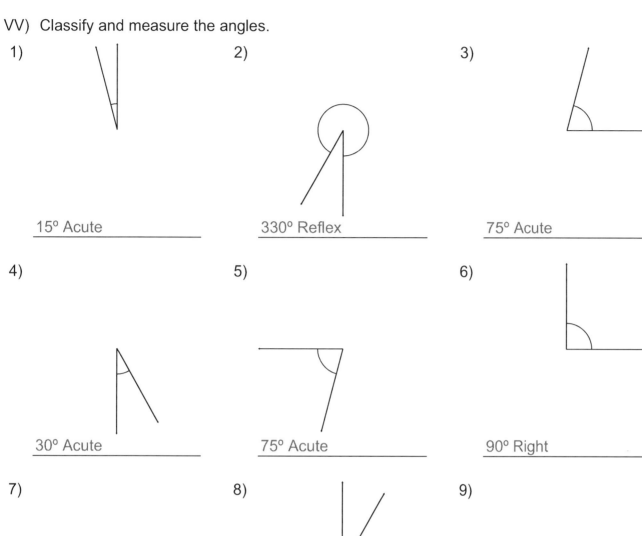

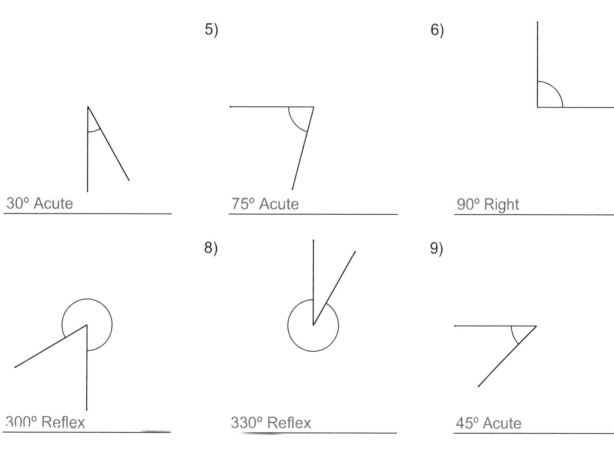

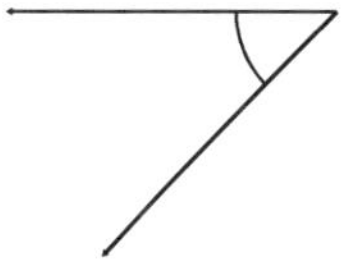

45° Acute

WW) Classify and measure the angles.

1)

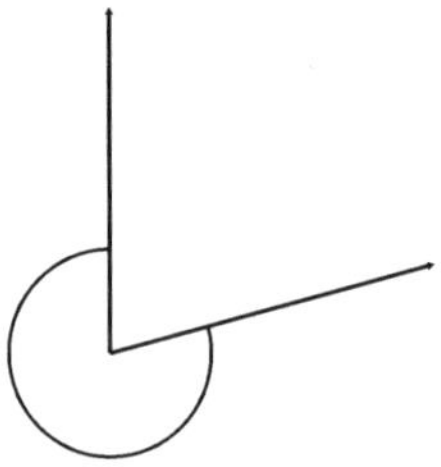

285° Reflex

2)

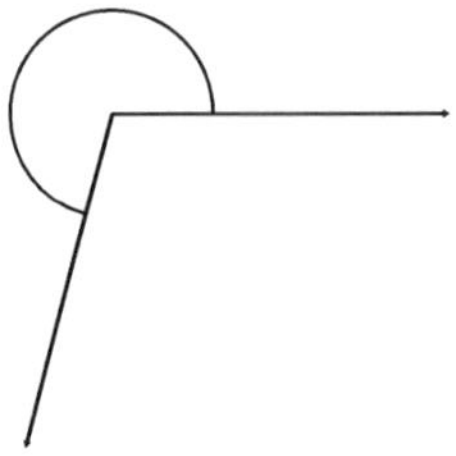

255° Reflex

3)

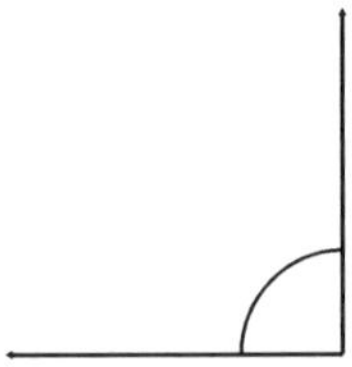

90° Right

4)

195° Reflex

5)

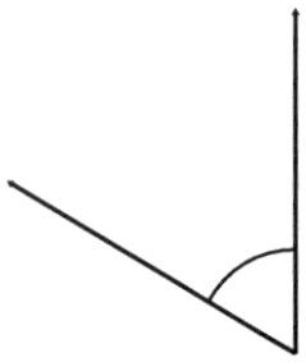

60° Acute

6)

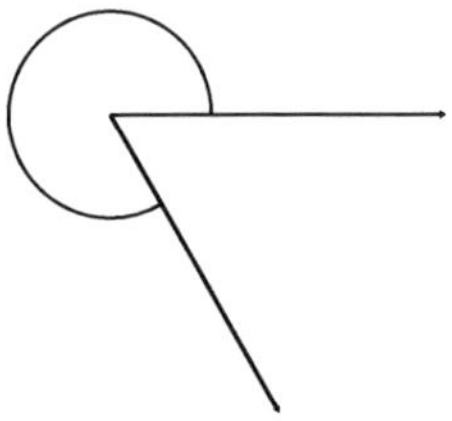

300° Reflex

7)

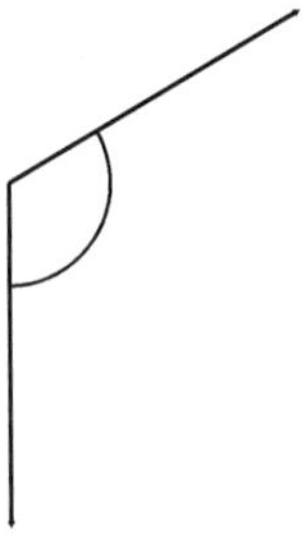

120° Obtuse

8)

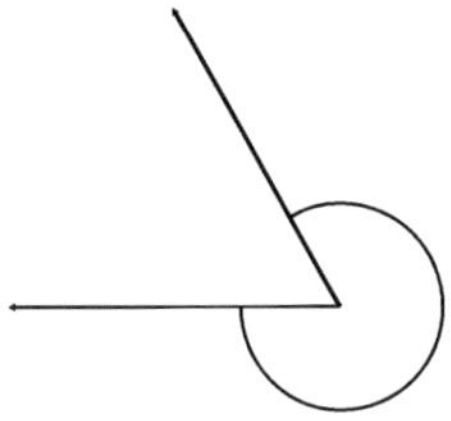

300° Reflex

9)

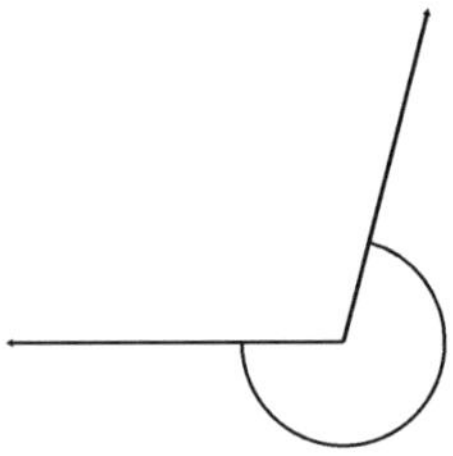

255° Reflex

XX) Classify and measure the angles.

1)

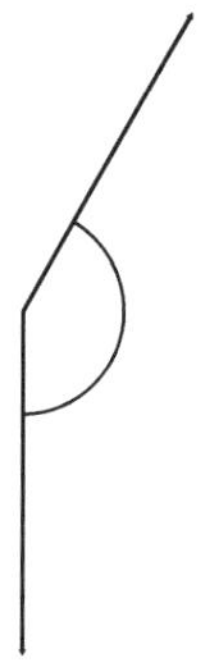

150° Obtuse

2)

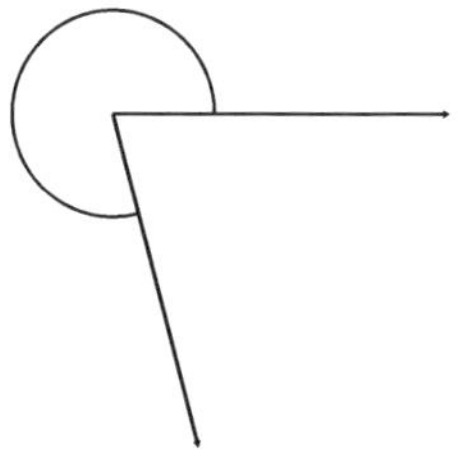

285° Reflex

3)

180° Straight

4)

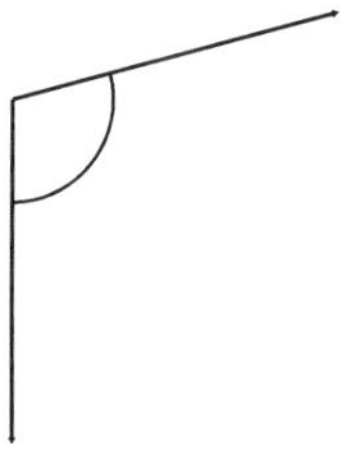

105° Obtuse

5)

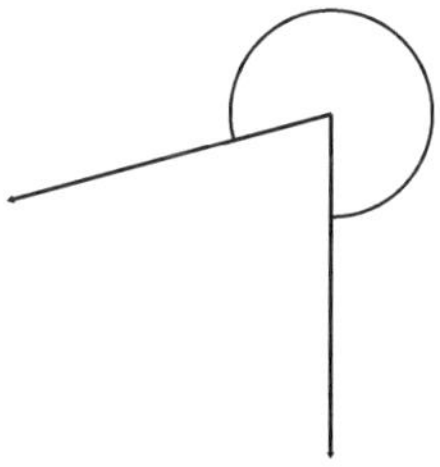

285° Reflex

6)

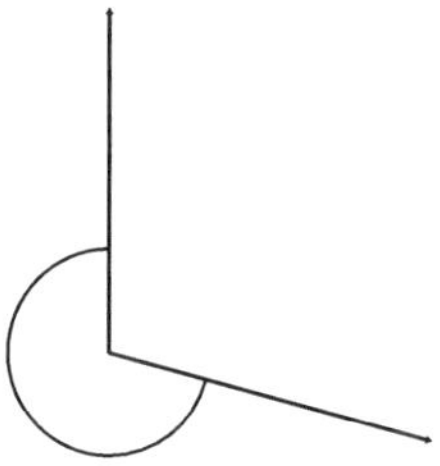

255° Reflex

7)

210° Reflex

8)

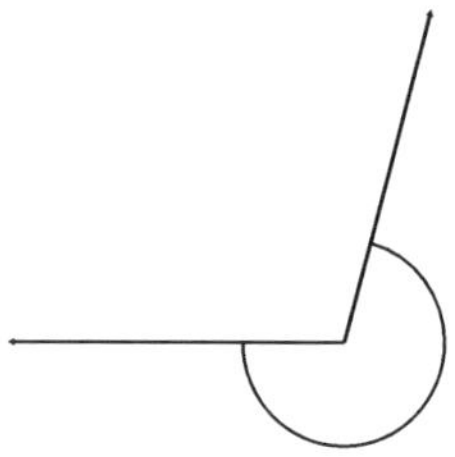

255° Reflex

9)

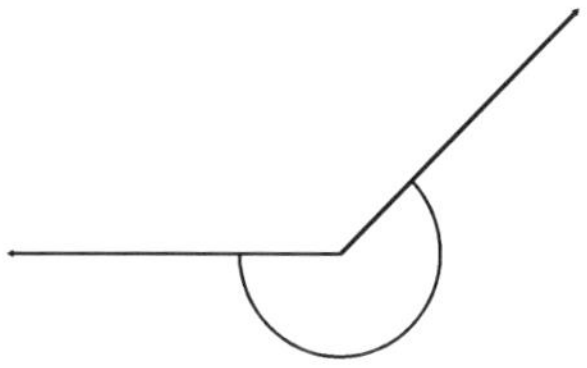

225° Reflex

Made in United States
Troutdale, OR
08/02/2024

21714772R00063